新编畜禽饲养员培训教程系列丛书

新编奶牛饲养员培训教程

◎ 李连任　主编

U0272302

中国农业科学技术出版社

图书在版编目（CIP）数据

新编奶牛饲养员培训教程/李连任主编．—北京：中国农业科学技术出版社，2017.9

ISBN 978-7-5116-3226-5

Ⅰ．①新… Ⅱ．①李… Ⅲ．①乳牛—饲养管理—技术培训—教材 Ⅳ．① S823.9

中国版本图书馆 CIP 数据核字（2017）第 210446 号

责任编辑　张国锋
责任校对　马广洋

出 版 者　中国农业科学技术出版社
　　　　　北京市中关村南大街 12 号　邮编：100081
电　　话　（010）82106636（编辑室）（010）82109702（发行部）
　　　　　（010）82109709（读者服务部）
传　　真　（010）82106631
网　　址　http：//www.castp.cn
经 销 者　各地新华书店
印 刷 者　北京富泰印刷有限责任公司
开　　本　880mm×1 230mm　1/32
印　　张　5.25
字　　数　154 千字
版　　次　2017 年 9 月第 1 版　2017 年 9 月第 1 次印刷
定　　价　26.00 元

编写人员名单

主　　编　　李连任

副 主 编　　庄桂玉　　闫益波

编写人员　　于艳霞　　闫益波　　庄桂玉　　侯和菊

　　　　　　孙　皓　　徐海燕　　李连任　　许秀花

　　　　　　尹绪贵　　季大平　　李　童　　李长强

前言

　　进入 21 世纪，畜禽养殖业集约化程度越来越高，设施越来越先进，饲料营养水平越来越科学。通过多年不断从国外引进种畜禽良种和选育、扩繁、推广，我国主要种畜禽遗传性能得到显著改善。但是，由于饲养管理和疫病等问题导致畜禽良种生产潜力得不到充分发挥，养殖效益滑坡甚至亏损的情形时有发生。因此，对处在生产一线的饲养员的要求越来越高。

　　但是，一般的畜禽场，即使是比较先进的大型养殖场，因为防疫等方面的需要，多处在比较偏僻的地段，交通不太方便，对饲养员的外出也有一定限制，生活枯燥、寂寞；加上饲养员工作环境相对比较脏，劳动强度大，年轻人、高学历的人不太愿意从事这个行业。因此，从事畜禽饲养员工作的多以中年人居多，且流动性大，专业素质相对较低。因此，编者从实用性和可操作性出发，用通俗的语言，编写一本技术科学实用、操作简单可行，适合基层饲养员学习参考的教材，是畜禽养殖从业者的共同心声。

　　正是基于这种考虑，我们组织了农科院专家学者、职业院校教授和常年工作在畜禽生产一线的技术服务人员，从各种畜禽饲养员的岗位职责和素质要求入手，就品种与繁殖利用，营养与饲料，饲养管理，疾病综合防制措施等方面的内容，介绍了现代畜禽生产过程中的新理念、新技术、新方法。每个章节都给读者设计了知识目标和技能要求；在为培训人员设置的技能训练项目中，提出了具体的目的要求、训练条件、操作方法和考核标准；为饲养员设计了思考与练习题目，方便培训时使用。

本书可作为基层养殖场培训饲养员的专用教材或中小型养殖场、各类养殖专业合作社工作人员及农村养殖专业户自学使用，亦可供农业大中专院校相关专业师生参考阅读。

由于作者水平有限，书中难免存在纰缪。对书中不妥、错误之处，恳请广大读者不吝指正。

编　者
2017 年 6 月

目　录

第一章　奶牛饲养员须知

知识目标

1. 熟知奶牛饲养员的职责和素质要求，并认真遵守。
2. 熟悉奶牛的主要生物学特性。
3. 掌握奶牛的几个主要品种及其外貌特征。
4. 掌握后备奶牛的培育方法。
5. 了解牛奶的初步处理方法。

技能要求

1. 学会高产奶牛的外貌选择（线性评定法）的方法。
2. 学会用机械和手工两种方法给奶牛挤奶。

第一节　奶牛饲养员的职责与素质要求

一、奶牛饲养员的岗位职责

奶牛饲养员可以细分为犊牛、育成青年牛、成年母牛、产房奶牛等不同的岗位。每个岗位的职责各不相同。

1. 共同职责

① 保证奶牛充足的饮水供应；经常刷拭饮水槽，保持饮水清洁。

② 熟悉本岗位奶牛饲养规范。按照技术员安排的饲料给量饲喂，应先粗后精、以精带粗，勤添少给、不堆槽、不空槽，不浪费饲料；正常班次之外补饲粗饲料；饲喂时注意拣出饲料中的异物；不喂发霉变质、冰冻饲料。

③ 牛粪、杂物要及时清理干净。牛舍、运动场保持干燥、清洁卫生，夏不存水、冬不结冰。上下槽不急赶。坚持每天刷拭牛体。

④ 熟悉每头牛的基本情况，注意观察牛群采食、粪便、乳房等情况，发现异常及时向技术人员报告。

⑤ 配合技术人员做好检疫、医疗、配种、测定、消毒等工作。

2. 犊牛饲养员岗位职责

① 注意观察犊牛的发病情况，发现病牛及时找兽医治疗，并且做好记录。

② 喂奶犊牛在犊牛岛内应挂牌饲养，牌上记明犊牛出生日期、母亲编号等信息，避免造成混乱。

③ 新生犊牛在1小时内必须吃上初乳。

④ 犊牛喂奶要做到定时、定量、定温。

⑤ 及时清理犊牛岛和牛棚内粪便，犊牛岛内犊牛出栏后及时清扫干净并撒生石灰消毒。舍内保持卫生，定期消毒。

⑥ 喂奶桶每次用完刷洗，饮水桶每天清洗，保证各种容器干净、卫生。

⑦ 协助资料员完成每月的犊牛照相、称重工作。

3. 育成牛、青年牛岗位职责

① 注意观察发情牛并及时与配种员联系。

② 严格按照饲养规范进行饲养。

③ 保证夜班饲草数量充足。

4. 成母牛岗位职责

① 根据牛只的不同阶段特点，按照饲养规范进行饲养。同时要灵活掌握，防止个别牛只过肥或瘦弱。

② 爱护牛只，熟悉所管理牛群的具体情况。

③ 按照固定的饲料次序饲喂。饲料品种有改变时，应逐渐增加给量，一般在一周内达到正常给量。不可突然大量改变饲料品种。

④ 产房要遵守专门的管理制度，协助技术人员进行奶牛产后监控。

5. 产房岗位职责

① 产房 24 小时有专人值班。根据预产期，做好产房、产间及所有器具清洗消毒等产前准备工作。保证产圈干净、干燥、舒适。

② 围产前期，奶牛临产前 1~6 小时进入产间，后躯消毒。保持安静的分娩环境，尽量让母牛自然分娩。破水后必须检查胎位情况，需要接产等特殊处理时，应掌握适当时机且在兽医指导下进行。

③ 母牛产后喂温麸皮盐水，清理产间，更换褥草，请兽医检查，老弱病牛单独护理。

④ 母牛产后 0.5~1 小时内进行第一次挤奶，挤出全部奶量的1/3 左右，速度不宜太快。第二次可适量增加挤出量，24 小时后正常挤奶。

⑤ 观察母牛产后胎衣脱落情况，如不完整或 24 小时胎衣不下，请配种员处理。

⑥ 母牛出产房应测量体重，并经人工授精员和兽医检查签字。

⑦ 犊牛出生后立即清除口、鼻、耳等部位内的黏液，距腹部 5 厘米处断脐、挤出脐带内污物并用 5% 碘酒浸泡消毒，擦干牛体，称重、填写出生记录，放入犊牛栏。如犊牛呼吸微弱，应立即采取抢救措施。

二、奶牛饲养员的素质要求

1. 思想素质要求

如果选择奶牛饲养员这一职业，就要做好充分的思想准备，不怕苦，不怕累，不怕脏，不怕臭。做到"干一行，爱一行，专一行"。必须认真学习，牢牢掌握奶犊牛、后备牛、泌乳牛、干奶牛、围产牛饲养管理的各项基本知识，并经过实习，方可独立上岗。在饲养岗位操作过程中，要随时向技术人员或老职工请教工作中不明白的问题，积累并运用相关科技知识。在工作中，能吃苦，耐得住寂寞，积极主动、保质保量地完成自己负责的各项工作任务，不敷衍塞责，不拖泥带水，不懒散浪费。

2. 业务素质要求

要有刻苦钻研、虚心好学的精神，不断通过教科书、专业杂志、网络、同行中的佼佼者等渠道，理论联系实际，根据本场实际情况，积极主动地学习奶牛各阶段饲养的技术知识，不断改进生产实践中的问题，丰富和完善自己的工作经验，快速成为一个工作态度端正、作风扎实、业务熟练的优秀奶牛饲养员，能独当一面，出色完成奶牛场的各项饲养工作任务。

第二节　奶牛饲养员应具备的基础知识

一、奶牛的主要生物学特性

作为奶牛饲养员，必须详细了解奶牛的生物学特性，才能做好相应的本职工作。以荷斯坦奶牛为例，其主要生物学特性如下。

（一）对冷热环境的适应性

牛的祖先为寒带动物，体积大，单位重量的体表面积小，虽有许多汗腺，但血管供应微弱，因而散热功能不发达，耐寒而不耐热，外界气温高于体温 5℃时牛便不能长期生存。在高温环境下，公牛的精液品质与母牛的受胎率降低，食欲下降，反刍减少，消化功能明显降低，生产性能受到显著影响。因此，在生产实践中，防暑降温是保证热带地区及夏季奶牛高产的重要环节。

（二）繁殖特性

牛为单胎动物，虽然也有双胎现象，但比较少见。当母牛怀异性双胎时，由于在母牛子宫内雄性胎儿的激素通过胎膜血管吻合进入雌性胎儿体内，抑制了其生殖系统的发育，致使绝大部分异性双胎的母犊不育。

荷斯坦母牛的初情期为 6~10 月龄，性成熟期为 8~12 月龄，初配年龄为 14~16 月龄，随品种、营养、饲养管理、气候等因素而异。荷斯坦母牛任何季节均可发情，发情周期为18~25天，平均21天，发情持续期平均为18小时。牛的妊娠周期平均为280天。荷斯坦母牛的繁殖年限10~12年，但一般产奶牛可利用5~6胎。

（三）采食与消化特性

1. 采食特点

牛没有门齿，不能啃食过矮的草，牧草高度低于5厘米时，放牧的牛不易吃饱。牛有竞食性，在自由采食时互相抢食，可提高牛的采食量。牛的采食速度很快，在采食时不经过仔细咀嚼即将饲料咽下，很容易将混入饲料中的异物食入。由于牛胃的结构特点，如果将铁丝、钉子等尖锐异物吞咽进去，就会停留在网胃内。由于网胃与心脏接近，这些铁丝、钉子等异物很容易刺穿网胃壁和心包，引起创伤性网胃炎或心包炎。如果将尼龙绳、尼龙袋等异物吞食进去，会产生胃肠阻塞。因此，要特别注意在牛的饲草饲料中不要混有这些异物，在牛可以接触到的环境内也不要有异物。另外，在牛场内还可能出现牛将萝卜等大的块状物吞咽而卡在食道中造成梗阻的情况。

2. 采食时间

在自由采食情况下，牛全天的采食时间为6~8小时，放牧的牛比舍饲的牛采食时间长。当气温低于20℃时，自由采食时间有68%分布在白天；当气温超过27℃时，白天采食时间相对减少；天气过冷时，采食时间延长。牛一天有4个采食高峰期，即日出前不久、上午的中段时间、下午的早期和近黄昏，且以日出前不久、上午的中段时间为主。

3. 采食量

牛的采食量与其体重密切相关，一般情况下，成年泌乳牛的干物质采食量为体重的3%~3.5%，干奶牛约为体重的2%，生长牛为体重的2.4%~2.8%。牛的采食量受许多因素的影响。饲料品质好时，采食量高；牛在生长期、妊娠初期、泌乳高峰期采食量高；环境温度较低时，牛的采食量增加；环境温度高于20℃时，采食量下降。

4. 复胃消化

牛是反刍动物，有四个胃，按前后顺序依次为瘤胃、网胃、瓣胃和皱胃。瘤胃、网胃和瓣胃统称为前胃，其黏膜没有胃腺，只有皱胃能够分泌胃液，因而称为真胃。

成年牛的瘤胃很大，占据了腹腔的大部分。全消化道中67%的内容物在瘤胃中。消化道食糜在瘤胃内停留20~48小时，相当于整个消化过程的一半时间。由于瘤胃和网胃连在一起，相互之间没有狭窄部分明显区隔，内容物可以相互交换，因此习惯上将瘤胃和网胃合起来称瘤网胃。网胃壁呈蜂巢状，对食糜具有筛分的作用，当网胃收缩时，将颗粒较大的食糜推向瘤胃，颗粒较小的食糜则通过网瓣胃口流入瓣胃。瓣胃在网胃之后，通过网瓣胃口与网胃相连。瓣胃由许多肌肉形成的叶片状结构组成，体积差不多有篮球那么大（成年奶牛），之中的内容物较少，约占全消化道食糜总量的5%。瓣胃的作用是吸收来自瘤网胃食糜中的水分和矿物质，以避免其进入真胃冲淡和中和胃酸。皱胃和单胃动物的胃相似，因此也称为真胃。皱胃分泌胃蛋白酶原、凝乳酶和盐酸，胃蛋白酶原在酸性条件下化为胃蛋白酶，胃蛋白酶将饲料蛋白降解为胨。凝乳酶可将液态的奶转变为固态，有利于消化。盐酸具有杀菌作用，能将食糜中的微生物杀死。

瘤胃消化在反刍动物的整个消化过程中占有特别重要的地位。瘤胃相当于一个发酵罐，内含大量微生物，饲料在瘤胃中的消化实际上是微生物（通过所分泌的消化酶）对饲料的消化。饲料在瘤胃内的消化过程又被称为瘤胃发酵。

瘤胃微生物在瘤胃消化中起着决定性的作用。瘤胃内含有的微生物主要包括细菌、原虫和真菌三类。每毫升瘤胃液中含有160亿~400亿个细菌和20万个原虫。

瘤胃微生物能将日粮中的纤维素、半纤维素和其他一些碳水化合物降解为挥发性脂肪酸，将非蛋白氮和降解蛋白质分解为氨，并进一步合成微生物蛋白。瘤胃细菌还可合成B族维生素和维生素K，将饲料中一些有毒有害物质分解，减轻和完全消除对牛的不利影响。

瘤胃微生物消化饲料的一部分产物（如挥发性脂肪酸和氨）被瘤胃壁吸收，一部分被瘤胃微生物自身利用，作为自身生长繁殖的原料。没有被瘤胃微生物消化的饲料和部分瘤胃微生物一起从瘤胃中排出，进入后面的消化道，被牛进一步消化、吸收。

瘤胃发酵是牛的重要消化过程，日粮中很大一部分饲料在瘤胃中被消化。因此，瘤胃消化功能的正常与否，直接影响牛的整个消化过程。瘤胃对饲料的消化是靠瘤胃微生物完成的，瘤胃微生物的正常与否直接影响瘤胃的消化过程。

瘤胃微生物的生存条件对瘤胃消化具有重要的影响。维持瘤胃内环境的稳定是保证瘤胃消化得以正常进行的基本条件。瘤胃是瘤胃微生物的生长环境，只有环境适宜，瘤胃微生物才能充分发挥其对饲料的消化作用。瘤胃内环境包括 pH、温度和厌氧三个主要方面，正常范围分别为 pH 值 5.5~7.0，温度 39~40℃。

在奶牛生产中，应注意维持瘤胃内环境的稳定，否则会影响瘤胃微生物的正常活动，进而影响瘤胃消化。如一次饮水过多或水温过低会导致瘤胃温度的急剧下降，日粮中精饲料比例过高会使瘤胃 pH 降低，应避免这些情况的发生。值得特别注意的是，对于奶牛来说，使用抗生素要非常慎重，除了抗生素很容易在牛奶中残留外，广谱抗生素对瘤胃微生物产生严重影响，特别是口服给药时。

5. 反刍与嗳气

反刍是瘤胃消化的重要特征。牛的采食速度很快，在采食时未经充分咀嚼就将食物匆匆咽下，在瘤胃内经浸泡、软化后，比较粗糙的饲料颗粒经逆呕重返口腔，重新咀嚼后咽下，这一过程称为反刍。反刍过程对牛的消化是非常重要的，一方面通过再咀嚼的过程可使较大的食糜颗粒变小，有利于消化；另一方面，在再咀嚼的过程中分泌唾液，提高唾液的分泌总量，增强对瘤胃产生的挥发性脂肪酸的缓冲能力，维持瘤胃的正常内环境。

健康的成年牛，一昼夜反刍 6~8 次，每次反刍持续时间 40~50 分钟。牛群在休息时，有 1/3 以上的牛在反刍说明日粮的纤维含量充分。犊牛出生后 3 周开始吃草并出现反刍，反刍如停止或减弱，是患病的表现。

牛的反刍是在粗大的饲料颗粒刺激网胃壁时引发的，如果日粮中粗饲料过少，或粗饲料切得过短，都会降低反刍活动，减少反刍时间，影响瘤胃的内环境。因此在奶牛的饲养中应充分注意奶牛日粮的精粗比例和粗饲料的切割长度。

饲料在瘤胃微生物发酵过程中产生的多种气体（主要是二氧化碳、甲烷和氨等）刺激瘤胃壁的压力感受器，引起瘤胃由后向前收缩，压迫气体经食管由口腔排出，这一过程称嗳气。在嗳气过程中，部分气体会通过喉头转入肺，其中某些气体可被吸收入血，可能影响奶的气味。另外，通过嗳气排出的甲烷是饲料能力的损失。牛平均每小时嗳气17~20次。

6. 食管沟反射

食管沟是牛网胃壁上自贲门向下延伸到网瓣胃口的肌肉皱褶。在犊牛期，当牛受到与吃奶有关的刺激时，食管沟闭合，形成一中空闭合的管道，将奶绕过瘤胃和网胃，直接进入真胃进行消化，此过程称为食管沟反射。食管沟反射避免了奶进入瘤胃和在瘤胃中发酵产生消化障碍。在人工哺乳时应注意不要让犊牛吃奶过快而超过食管沟的容纳能力，导致奶进入瘤胃，引起不良发酵。在人工哺乳时要定时定人，以保持犊牛良好的食管沟反射。

二、奶牛的主要品种与外貌特点

养牛者要想使牛群达到高产、优质和高效率，首先要选择合适的品种。当前，世界上的乳用牛品种主要有荷斯坦牛（俗称黑白花牛）、娟姗牛、瑞士褐牛、更赛牛、爱尔夏牛和乳用短角牛等。而世界上分布最广、数量最多的奶牛是荷斯坦奶牛，全世界有1亿头以上。我国饲养的奶牛主要也是这个品种，我国培育的荷斯坦牛，原称中国黑白花牛，1992年更名为"中国荷斯坦牛"，分布全国各地，而以黑龙江、内蒙古自治区、河北、新疆维吾尔自治区（以下称新疆）、山东等北方地区数量为多，占我国奶牛数量的90%以上。

（一）外貌特点

奶牛的整体外貌特点是：皮薄骨细，血管显露，被毛粗短，细而有光泽，肌肉不甚发达，皮下脂肪沉积不多，全身紧凑而比较细致，属于细致紧凑体质类型。从全身外貌结构来看，后躯有平宽的尻部和发育良好的乳房，从侧面看，后躯比前躯宽深，形成一楔形，表示后躯特别是乳房较发达。从侧望、前望和上望均成楔形，这是奶牛外貌结构上的主要特点。正常发育的乳房左右前后共有4个乳区，每个乳区有一个乳头，有的有副乳头。在选育过程中，应注意选择优秀的公母牛，减少副乳头的出现率。

一个发育良好的标准乳房，不仅要求大而深，而且底线平，前乳房应向腹前延伸，并且附着良好，后乳房应向股间的后上方延伸，而且要有一定的深度。由于韧带组织的良好附着与支持，整个乳房牢固地附着在两股之间的各乳区发育匀称，腹下，4个乳区发育匀称，4个乳头大小中等，间距较宽，乳房充奶时底线平坦，这类乳房一般称为"方圆乳房"。它不仅具有薄而细致的皮肤，而且毛细而稀疏，乳静脉粗而弯曲。良好的乳房是"腺质乳房"，腺体组织发达，结缔组织比较少，富有弹性，充满乳汁时，乳房饱满；挤奶之后，乳房明显缩小，变得比较柔软。

畸形乳房是指在外部形态和内部结构方面发育不正常的乳房。在外形上，主要表现为各乳区发育不均匀，乳头大小不一，数目不均一；在内部结构上，主要是结缔组织过多（肉乳房），或是韧带松弛（垂乳房）。乳静脉是乳房前静脉的延续，它从乳房开始分成左右两条延至下腹部，通过乳井潜入胸腔，进而进入心脏。一般地，青年牛和初产牛的乳静脉比较细，第一次分娩后，乳静脉逐渐变粗变大，直至完全成熟。泌乳牛、高产牛的乳静脉比较粗，弯曲和分支多，这是血液循环好的标志。

乳井是乳静脉在第八、第九肋骨交界处进入胸腔所必须经过的孔道，其大小标志着乳静脉的大小。所以，在鉴定乳静脉时，尤其是在深层乳静脉外表不明显的情况下，需要借助乳井的大小来鉴定乳静脉的发育情况。

乳头的类型比较多，正常的乳头呈圆柱形，自然下垂，长度中等，各乳头的大小、粗细一致。畸形乳头，表现为乳头基部膨大，或是乳头向外伸展，过长或过短。

（二）主要品种

1. 荷斯坦牛

荷斯坦牛又称黑白花牛，原产于荷兰滨海地区的弗里斯省、丹麦的日德兰半岛和德国的荷斯坦地区。荷斯坦牛于19世纪70、80年代开始输出世界各国，经过多年的培育，出现了一定的差异，所以不少国家的荷斯坦牛常冠以本国名称，如美国荷斯坦牛、加拿大荷斯坦牛、日本荷斯坦牛和中国荷斯坦牛等。

乳用型荷斯坦牛具有典型的乳用牛外貌特点，结构匀称，体格高大，皮薄而具有弹性，骨骼较细，肌肉欠丰满；皮下脂肪沉积少，被毛细、短而且柔软；头狭长；角细短致密，向前上方弯曲。肋骨开张良好，尻平而宽长，腹部发育良好。乳房硕大，乳区匀称，乳静脉明显，粗而多弯曲，整个体躯呈楔形。毛色多黑白花片，黑白色多少不一，鬐甲和十字部有白色带，额部有白星（三角星或广流星）；腹部、四肢下部及尾帚多为白色。

成年公牛体重为 900~1 200 千克，母牛为 650~750 千克，初生犊牛为 40~50 千克。成年公牛平均体高 145 厘米，体长 190 厘米，胸围 226 厘米，管围 23 厘米；成年母牛平均体高 135 厘米，体长 170 厘米，胸围 195 厘米，管围 19 厘米。

乳用型荷斯坦牛产奶量极高，居世界各奶牛品种的首位。母牛平均年产奶量 6 500~7 500 千克，乳脂率为 3.5%~3.6%，最高单产可达 22 870 千克，乳脂率为 3.6%~3.7%。

2. 中国荷斯坦牛

中国荷斯坦牛是引进的纯种荷斯坦牛和弗里生牛与我国本地母牛的高代杂种（一般级进代），是我国产奶量最高的奶牛品种。现在已经遍布全国，但是主要分布在大中城市近郊。

早在 19 世纪 70 年代，我国就开始从国外引进荷斯坦牛。20 世纪初，又先后从美国、德国、英国、加拿大、日本等国家引入乳用型及兼用型荷斯坦牛，或进行纯种繁育，或同我国地方黄牛品种进行杂交。由此可见，我国荷斯坦牛的来源复杂，类型不一，加上各地的饲养管理条件不同，育种工作的进度不同等各种因素，导致了现在我国荷斯坦牛的体型外貌及生产性能都不能很好地统一。

中国荷斯坦牛体格健壮，结构匀称，具有典型的乳用特征。骨骼较细，但是十分强壮。皮薄，富有弹性。颈比较细长，颈侧多皱褶，肉垂小。肩狭长，鬐甲平。胸深，背线平直，背腰结合良好。尻长、平、宽，母牛的后躯较前躯发达，腹部圆大，侧望呈楔形。乳房发达，乳头大小合适，分布均匀，乳静脉明显，粗而多弯曲。公牛腹部适中，毛色为黑白相间，花片分明，额部多白斑，腹底部、四肢膝关节以下及尾端呈白色；有角，一般由两侧向前向内弯曲，角体呈蜡色，角尖呈黑色。

中国荷斯坦牛按体型大致可以分为大、中、小三个类型。大型荷斯坦牛主要是引用从美国、加拿大输入的纯种荷斯坦公牛与本地母牛长期杂交和横交，而培育出的荷斯坦牛。其主要特点是体型高大，成年母牛的体高可达 136 厘米以上。中型荷斯坦牛主要是引进日本、德国等体型中等的荷斯坦牛与本地母牛进行杂交和横交而成的。小型荷斯坦牛主要是引进荷兰等欧洲国家的兼用型荷斯坦牛与本地黄牛进行杂交和横交而形成的。成年母牛体高 130 厘米左右。近几年来，中国荷斯坦牛有趋于一致的"大型化"趋势。中国荷斯坦牛的体尺与体重见表 1–1。

表 1–1　中国荷斯坦牛的体尺与体重　（单位：千克，厘米）

性别	体高	胸围	体重
公牛	150.4	233.8	1 020.0
母牛	132.9	197.2	575.0

中国荷斯坦犊牛初生重 38.9 千克，18 月龄体重 400.7 千克，头产后平均体重在 510 千克以上。犊牛 6 月龄内，平均日增重为 711 克。育成阶段（16~17 月龄）平均活体重为 650 千克。未经肥育的淘汰母牛屠宰率为 49.5%~63.5%，净肉率为 40.3%~44.4%。6、9、12 月龄牛的屠宰率分别为 44.2%、56.7% 和 64.3%，经过肥育的 24 月龄的公牛屠宰率为 57%。

中国荷斯坦牛的产奶性能好，据 21 095 头该品种登记牛的统计资料表明，305 天泌乳期的平均产奶量为 6 359 千克，平均乳脂率为 3.56%，重点核心群平均产奶量在 7 000 千克以上。在饲养条件较好的地方，产奶量在 8 000 千克以上。中国荷斯坦牛的繁殖性能比较好，性成熟早，年平均受胎率 88.8%，发情期受胎率为 48.9%。

3. 娟姗牛

娟姗牛原产于英吉利海峡的娟姗岛，育成历史悠久，属于古老的奶牛品种。本品种以乳脂率高、乳房形状良好而闻名。娟姗牛体格较小，毛色深浅不一，由银灰至黑色，以栗褐色最多。

娟姗岛常年多雨，气候温暖，年平均气温在 10℃ 左右，牧草茂盛，以放牧为主。岛上居民以种植茶、马铃薯为主，饲养羊牛为主。奶牛除放牧以外，冬季每天补喂精饲料以及多汁饲料。娟珊岛的自然条件适于发展养牛业，饲料条件好，在当地农牧民的精心选育下，逐渐形成了性情温顺、体型小的高乳脂率的奶牛品种。

大量的娟姗牛被引进到欧美各国。我国在 19 世纪中叶以后陆续引入不少娟姗牛，主要在南方饲养。现在，在我国除广州外纯种娟姗牛已很少看到，只有一些含有不同程度的娟姗牛血液的杂种牛。

4. 乳肉兼用牛

主要有西门塔尔牛、丹麦红牛、短角牛、三和牛等。

三、后备奶牛的培育

犊牛从出生到第一次产犊前称后备牛。后备牛包括犊牛、发育牛和育成牛。后备牛处于快速的生长发育阶段，是牧场的后备力量，是牛只扩群和提高生产潜力的希望，它的优劣关系到牛群的整体生产水平。所以从长远利益出发，必须培育好后备牛。后备牛培育的良好与否，与乳牛体型的形成、采食饲料的能力、以及到成年后的产乳和繁殖性能都有极其重要的关系。

后备牛在整个生长发育时期，随着年龄的增长，全身组织化学成分不断变化，对营养物质的需求也不同。因此必须根据后备牛各生理阶段营养需要的特点进行正确饲养。

（一）培育目标

1. 各月龄后备牛体重体高

后备牛培育的目标应在 14 月龄体重达到 375 千克，参加配种，在 24 月龄时产犊，投产前体重 600~650 千克，体高达到 140 厘米，体况 3.5~3.75 分。表 1–2 列出了后备牛的目标值。

表 1–2　荷斯坦后备母牛各月龄目标体重和体高

月龄	体重（千克）	体高（厘米）
3	117	97
6	187	106

（续表）

月龄	体重（千克）	体高（厘米）
9	258	115
12	328	123
15	399	129
18	469	132
21	540	135
24	610	138

2. 培育成本的控制

实践表明，后备母牛的培育在牛奶生产总成本中所占的比例仅次于饲养。据国外资料，一头后备母牛培育成本 1 200~1 500 美元，我国大部分为 12 000 元左右。由此可见，后备牛饲养应使培育成本最低化，尽早达到目标配种体重，在 24 月龄左右投产。

（1）满足各阶段营养需要　结合国外的经验和实践应用，总结了不同阶段后备牛分群饲养及对应日粮的营养需要，详见表 1–3。

表 1–3　后备牛各月龄营养需要

月龄	DMI 占体重（%）	DMI（千克）	CP（%）	NEL（兆卡/千克）	粗料比例（%）	替代饲养方案
2~4	2.8	2.25~3.0	17.5~18	1.75~1.8	20~40	高产牛日粮
4~7	2.7	3.0~4.0	16.5~17	1.65~1.7	40~50	高产牛日粮 +1 千克苜蓿草
7~12	2.5	5.0~7.0	14.0~14.5	1.40~1.45	40~50	12~18 月龄日粮 +2 千克高产牛日粮
12~18	2.3	8.0~9.0	13.0~13.5	1.30~1.35	50~60	特定配制
18~23	2.0	10.0~11.0	12.5~13.0	1.30~1.32	50~60	12~18 月龄日粮

（2）断奶　犊牛的早期断奶，是后备牛饲养的重要研究课题，已在生产中得到普遍应用。哺乳太多，虽然日增重和断奶体重可以提高，但对犊牛消化道的生长发育不利，并影响奶牛的体型及产奶性能。目

前国内犊牛的哺乳期多数已缩短到 2 个月，哺乳量 360 千克，少数缩短到 50 天，哺乳量低到 240 千克。

及时断奶既节约牛奶又降低培育成本，另外提早补充饲料可有效地促进犊牛消化道的发育。为了达到断奶前的目标体重，初乳 20 千克加常乳 255 千克的哺乳方案有利于犊牛提高干物质采食量（表 1-4），从出生 3 日后开始饲喂开食料，断奶前一周每日采食开食料达到 1 千克，即可断奶。

表 1-4　275 千克哺乳方案

饲喂阶段	每天饲喂量	饲喂次数	饲喂天数	每阶段饲喂量
0~3 天	6	3	3	18
4~20 天	5	2~3	17	85
21~35 天	5	2	15	75
36~55 天	4	2	20	80
56~60 天	3	1~2	5	15

（二）各阶段饲养关键点

1. 0~2 月龄饲养关键点

（1）出生　犊牛出生后及时清理羊水和清除口鼻中的黏液。呼吸正常后断脐带，立即用 7% 碘酒消毒脐带及脐带周围的腹部，连续 3 天消毒，并观察脐部是否感染，防止脐带炎的发生。

出生后 1 小时内饲喂第一次初乳，称重，填写出生记录。转移至干燥清洁的犊牛笼饲养，饲喂第二次初乳。

（2）初乳的饲喂　初乳饲喂是犊牛饲养中的关键。初乳中含有大量的免疫球蛋白，是犊牛健康生长的基本保证，甚至和整个后备牛阶段的生长和成乳牛阶段的生产性能相关。

① 初乳的检测。第一次挤的初乳使用初乳检测计确定初乳质量。绿色区域说明初乳质量优质，黄色区域说明初乳质量一般，红色区域说明初乳质量较差。要求将第一次挤的优质初乳饲喂给刚出生的犊牛。不立即使用的初乳 4℃ 冰箱保存（保存 24 小时），多余的优质初乳冻存（可保存 1 年）。

② 初乳的饲喂。犊牛出生后 1 小时内尽快饲喂优质初乳 2 千克，尽量多喂，使其尽早获得抗体。1~2 小时后饲喂第二次（出生后 4 小时内），喂量 2 千克。之后按工作时间饲喂，连续饲喂 3~4 天，每天 3 次，每次 21 千克，温度 38℃。初乳饲喂时每头牛作标识卡记录。

③ 初乳的冻存。第一次挤的多余的优质初乳使用塑料瓶等容器按 1.2 千克分装，在 –20℃冰箱冻存，贴好标签，标记初乳质量、时间、牛号。冰冻初乳避免反复冻存，降低免疫球蛋白活性。无优质初乳时使用冻存初乳，使用时将冻存初乳在 4℃放入一段时间，然后在 50℃温水中水浴融化，冷却至 38℃时使用，避免直接煮沸加热。

（3）哺乳牛饲养　犊牛饲喂完第一次初乳后转移至单独的犊牛笼饲养一周，一周后转移至散放牛舍分小群饲养。此阶段主要工作如下。

① 犊牛身份信息的采集。出生后纪录犊牛系谱（父号、母号、外祖父）、出生体重（低于 30 千克不留养）、出生日期、品种等信息。

② 母犊标写耳号，公犊出售（做好相关记录）。

③ 常乳的饲喂。使用无抗生素、低体细胞常乳饲喂犊牛，每天 3 次，每次 2 升。坚持"三定"原则，即定温、定时、定量（牛奶温度控制在 38℃、每天固定时间饲喂、一天 3 次固定用量）。每头牛各自使用不同的奶桶，喂完奶后用毛巾擦干犊牛嘴。

④ 卫生措施。犊牛笼置于通风牛舍，笼离地面一定高度，便于清理地面。保持垫料干净，每 2 天更换一次，更换时用生石灰消毒。每天清理一次地面，每周用酸或碱消毒地面。

喂奶的容器使用完后清洗干净，确保无奶垢等污物每天用消毒水（次氯酸钠）漂洗一次，倒置于通风口晾干。

⑤ 分群饲养。犊牛 7 日后转移到散放牛舍分群饲养，开始训练采食犊牛颗粒料，有条件则提供优质苜蓿草供自由采食。每天更换牛舍垫料（木屑），清理地面，每周一次消毒。

（4）去角　犊牛在 30 日龄内去角，规定每月的某一天去角，以保证去掉每一头犊牛的牛角。可选两种方法去角。

① 电烙铁法。电烙铁法对牛只伤害小，牛角重新长出的概率小。

② 烧碱法。混合烧碱和凡士林待用（烧碱易烫伤皮肤，应调至不流动糊糊状），将犊牛保定在牛颈架上，去掉牛角周围的毛发，将烧碱

涂抹在牛角处，避免烧伤皮肤和眼睛。

（5）断奶及过渡 犊牛60日龄时，每天精料采食量大于1千克时可断奶，断奶前7天逐步减少牛奶喂量，保证犊牛断奶后采食正常。

断奶后犊牛瘤胃发育不充分，仍然以精料为主，辅以优质苜蓿草。犊牛每天自由活动，保持牛舍内整洁，及时更换垫料，保持饮用水的干净。

2. 2~4月龄饲养关键点

这个阶段主要是瘤胃发育阶段，饲喂高能高蛋白日粮，精料占75%~85%。研究表明，瘤胃发育得益于固体食物的物理刺激以及微生物对碳水化合物发酵产生的挥发性脂肪酸的化学刺激。因此日粮NFC%>47%，粗料以优质苜蓿草为主。

3. 4~6月龄饲养关键点

这个阶段主要是乳腺组织开始发育阶段，注意日粮蛋白质的补足。粗蛋白质16.5%~17%，能量1.65~1.75兆卡/千克（1兆卡=4.184兆焦）。开始增加粗料的供应，粗料比例为40%左右。

4. 7~12月龄饲养关键点

这个阶段主要是体高增长最快的阶段，注意日粮蛋白质的不足、能量过剩。主要营养指标：干物质采食量5~7千克，粗蛋白质14.0%~15.0%，能量1.40兆卡/千克，粗料占40%~50%。

5. 13~24月龄饲养关键点

这个阶段主要是人工输精期和妊娠期，瘤胃完全发育，饲喂以粗饲料为主的日粮。主要营养指标：粗蛋白质13.0%左右，能量1.30兆卡/千克，粗料占50%~60%。13~18月龄后备牛干物质采食量8~9千克，19月龄至围产期后备牛干物质采食量10~11千克。13月龄以上牛群日粮可统一为一个，具体饲喂量根据分群情况和实际干物质采食量进行分配。

6. 分娩前饲养关键点

后备牛进入围产期后单独饲养。逐步提高日粮营养浓度，增加精料用量，确保平稳过渡至产后的高精料日粮。主要营养指标：粗蛋白质15.0%左右，能量1.60兆卡/千克，粗料占50%~55%。

（三）相关管理措施

① 周密的分群计划。后备牛饲养应按月龄大小、按繁殖状态进行分群。每月定期整理牛群，防止大小牛混群，造成强者欺负弱者，出现僵牛。

② 每月一次的生长发育评估。每月进行体尺测量，根据体尺测定结果判断日粮的合理性，及时调整。

③ 自由采饲青干草。

④ 定期驱虫，春秋各一次。

⑤ 保证牛舍清洁干燥，定期更换垫料和消毒。

⑥ 保证足够清洁的饮水。

总之，要养好后备牛，首先要合理的投入，其次要根据后备牛的各个阶段生理特点，严格制定饲养管理规范，并执行到位。这样才能缩短奶牛从出生到泌乳的时间，尽早获得经济效益。

四、牛奶的初步处理

牛奶是一种很容易变质的食品。牛奶从挤出到送至乳品加工厂，至最后到达消费者手中，都必须正确加以处理。通过初步处理可以防止牛奶变质，并可鉴定其是否适于液态奶供应或制成某些加工产品。

（一）牛乳的验收和称重

1. 牛乳的验收

牛奶验收时，收奶员首先要观察牛奶的颜色、气味、有无明显的异物和明显的掺杂使假现象。原料奶应为乳白色或稍带黄色的不透明液体，质地均匀的胶态流体，无沉淀、无凝块、无杂质、无异物。颜色过黄，可能有初乳；呈粉红色，可能有血奶；有异味、发酸，是酸度过高；有金属味，可能是容器有问题等。漂有饲料、草渣、牛粪渣、蚊蝇等都是不卫生的现象。

其次，取样做酒精试验。取 70% 的酒精与等量牛奶混合，观察有无凝固现象，阴性方可收。然后再取样做相对密度（或密度）、乳脂率试验（现在对原料要求越来越高，有的奶品厂还要做乳蛋白、体细胞、细菌数以及是否含有抗生素的检测）。牛乳密度（20℃ /4℃乳稠汁）为 1.028~1.032，脂肪含量为 2.8%~5.0%，酸度为 16~20° T，温度为

0~10℃，非乳物不得检出 。大肠杆菌数应少于 2 500 个 / 毫升，细菌总数小于 50 万个 / 毫升，汞含量（以 Hg 计）小于 0.1 毫克 / 升，农药残留量不得超过标准，抗生素含量小于 0.03 国际单位 / 毫克，并且体细胞数低于 150 000 个 / 毫升。

2．乳的称重

用直接称重的方法对牛乳进行称重。小规模的收乳站多利用磅秤直接连桶称重，除去桶重即是净乳重。

（二）牛乳的过滤与净化

挤出来的牛乳不免要落入一定数量的饲料、尘埃、牛毛、粪屑及死皮细胞等，这些杂物的混入会使牛乳显得外观不洁，而且会混入相当数量的微生物，加速牛乳的腐败。所以，在正式进行牛乳深加工前必须进行多次过滤处理。

第一次过滤处理多在牛舍中进行，由挤奶桶倒入大桶时进行首滤。在将乳倒入大桶时，通过安装在桶口上的过滤筛对牛乳进行第一次过滤；第二次过滤常在乳槽或乳磅上装置过滤器。以上两种过滤筛都是借助自然压力进行，效率较低。较大型的乳厂多利用有压力的滤过器或净乳机净乳。

应用中等压力过滤器能对牛乳进一步过滤。但使用时须注意，不应奢望过高的过滤速度，进口与出口的压力不要超过 0.7 千克，过大的压力将使自然压力下不能通过的杂质挤过过滤网而重新进入乳中。

现代化的工厂多利用净乳机净乳。所谓净乳机，其构造与牛乳分离机近似，基本原理是令牛乳通过高速旋转的离心钵，使乳中较重的杂质因重力关系迅速粘贴于罐的四壁，流出的牛乳即被净化。良好的净乳机不仅能把乳中尘埃除去，还可将乳中腺体细胞及细菌的大部分除去，因此较一般过滤法优越。

（三）牛乳的冷却

1．冷却的意义

挤出后的牛乳，无论是运输、加工或储藏，不使其在细菌繁殖的适宜温度下停留，是处理的基本原则。刚刚挤出的牛乳温度接近体温，如不及时冷却很快就会酸败。而冷却则可抑制细菌活动，延长牛乳保存的时间。

2. 冷却方法

细菌含量低于 100 000/ 毫升的牛奶在 4~5℃ 条件下冷藏，大多可储存 48 小时而不变质 。一般的牧场或乳品厂常利用表面冷却器（冷排）冷却牛乳。这种冷却器多用不锈钢、铜或镀锡管制成，是一种短时间的热交换器。从外面看，整个冷却器是由多根彼此连接的排管组成的，排管的两端相互连通，形成一条蛇形弯曲的通路。使用时使冷冻液体在管内自下向上流动，而牛乳借助自身的重力自排管上方的管内流出，沿排管表面形成薄层向下流动，从而得以冷却。表面冷却器的优点是清洗方便，构造简单，容易维修，价格较低。冷却时由于薄层在空气中流下，可以把牛乳的不良气味散失一部分。缺点是由于冷却时牛乳完全暴露在空气中，容易受到空气中的灰尘和细菌的污染。

目前，国内外较为先进的大型乳品厂多利用片式热交换器冷却牛乳。片式热交换器是由许多不锈钢压制有一定纹路的薄片组成，当这些薄片被重叠压紧时构成两个通路，一个是牛乳通路，另一个是冷水或热水通路，而这两个通路是平行相间的，当工作时牛乳与冷剂（一般多用冷水）从两个方向在各片之间流动以使牛乳在两片之间与冷剂迅速进行热交换，可以在数秒钟内使乳温降至接近冷剂温度。 此种热交换器是一种多用途、效率高的热交换器。

此外还有一种带有蒸发器的冷却槽，一般容量较大，把乳倒入后在蒸发器的作用下，可将乳迅速冷却至 4℃ 。这种乳槽并不适于消毒后的热奶储存。

技能训练

一、高产奶牛的外貌选择（线性评定法）

【**目的要求**】熟练掌握奶牛体型性状的线性评定方法。掌握高产奶牛的选择要求和外貌特征。评定其种用价值和经济价值。

【**训练条件**】1~4 胎、第 2~5 泌乳月龄泌乳母牛若干头；奶牛体型性状的线性评分标准；测杖、卷尺等。

【**操作方法**】

1. 首先了解鉴定牛的场号、品种、牛号、年龄、胎次、泌乳月、产犊日期等情况，并填入奶牛线性评定记录卡。

2. 使牛端正站立，按照线性评定标准，逐一对 15 项主要体型性状进行线性评分，做好记录，然后再转换成相应的功能分填入记录卡，并给予相应的权重。

3. 进一步综合出一般外貌、乳用特征、体躯容积、泌乳系统等调整性状的评分，填入记录卡。

4. 根据整体评分合成比例，对奶牛整体体型进行综合评定，评定出等级。

【考核标准】将奶牛体型鉴定的分数、等级，填入奶牛体型鉴定记录卡（表 1-5）。

表 1-5 奶牛体型线性评定记录卡

场别：　　　　品种：　　　　年龄：　　　　泌乳月：

牛号：　　　　胎次：　　　　产犊日期：　　　　鉴定时间：

特征性状＼具体性状	一般外貌				乳用特征				体躯容积				泌乳系统				整体评分
	性状	功能分	权重	加权得分	性状	功能分	权重	加权得分	性状	功能分	权重	加权得分	性状	功能分	权重	加权得分	
	体高	15			棱角性	50			体高	20			前房附着		20		
	胸宽	10			尻角度		10		胸宽		30		后房高度		15		
	体深	10			尻宽		10		体深		30		后房宽度		15		

（续表）

特征性状／具体性状	一般外貌		乳用特征		体躯容积		泌乳系统		整体评分
	尻角度	15	后肢侧视	10	尻宽	20	悬韧带	15	
	尻宽	10	蹄角度	10			后房深度	25	
	后肢侧视	20	尻长	10			乳头位置	10	
	蹄角度	20							
合计	一般外貌	乳用特征	体躯容积	泌乳系统					
权重	30	15	15	40					
加权得分									

总分　　　　　　　　　　等级

二、奶牛挤奶技术

【**目的要求**】了解奶牛机械挤奶的基本原理，熟悉挤奶机的结构，掌握机械挤奶和手工挤奶的操作方法，为挤奶的规范操作打下良好基础。

【**训练条件**】泌乳母牛若干头、机械挤奶机（形式不限）、奶桶、毛巾、水盆或水桶、温水、药浴液、纸巾、小板凳、台秤等。

【操作方法】

1. 挤奶前的准备工作

（1）挤奶前，挤奶人员、场所、挤奶用具都要保持卫生清洁。准备好清洗乳房用的温水，清除牛体粘连的粪便，备齐挤奶用具：奶桶、盛奶匙、过滤纱布、洗乳房水桶、毛巾等。

用冷水冲洗后，再用0.5%温碱水（约45℃）刷洗一遍，最后用清水冲洗两遍。挤乳员穿好操作服（围裙），洗净双手。

（2）清洗乳房　洗乳房的目的是保证乳房的清洁，促使乳腺神经兴奋，形成排奶反射，加速乳房的血液循环，加快乳引汁泌与排乳过程，以提高产奶量。方法是用45~50℃的热水，将毛巾沾湿，先洗乳头孔及乳头，而后洗乳房的底部中沟、右侧乳区、左侧乳区，最后洗涤后面。清洗乳房用的毛巾应清洁、柔软，最好各牛专用，如多牛共用1条，也要将患有皮肤病或乳房炎等病牛的毛巾与健康牛分开。开始时，宜用带水较多的湿毛巾洗擦。然后，将毛巾拧干，自下而上地擦干整个乳房。此时，如乳房显著膨胀，表明内压已增高，反射已形成，便可挤奶。否则，需用热毛巾敷擦乳牛，以加强刺激。这个过程需45秒至1分钟。为保证牛奶质量和奶牛健康，清洗乳房的水中还应加入消毒剂。

2. 机械挤奶操作程序

（1）挤奶机械的选择　当前使用的挤奶器有桶式、车式、管道式、坑道式、转环式等。生产单位可以根据每天泌乳牛的头数选择挤奶机械。如果10~30头泌乳牛或中小牛场的产房则选用提桶小推车式挤奶器；30~200头用管道式；草原地区也可用车式管道挤奶器；200~500头最好用坑道式挤奶厅；鱼骨、平行、棱形均可；500头以上，用两套坑道或平行64床的坑道式，条件许可时可用转环式（转盘）。选用挤奶机器时务必注意维修条件和易损零件的供应渠道。

（2）机器挤奶操作规程

① 清洗。用温热的消毒液清洗乳房和乳头，让牛知道挤奶即将开始。作好挤奶准备后，应在1分钟内将乳头杯装上，每个乳头杯必须以滑动的方式装上并尽量减少空气进入乳头杯。奶牛通常在清洗乳房后大约1分钟开始放乳，持续2~4分钟。

② 检查牛奶的流速，必要时应调整挤奶机。只有挤奶机得到适当

调整才能快速、完全地挤奶。通常，前面的两个乳头杯应比后面两个乳头杯稍高一些。乳头杯如果安装不合适常会造成滑落和奶流受阻。如果空气进入到乳头杯可造成细小的奶滴回流乳头池，细菌亦可趁机而入并导致乳房炎。

③ 牛奶是否挤完可从搏动器上的玻璃管观察。注意给奶牛按摩，快挤完时，一手摸着集奶器小勾上部向下按，用以增加乳房的压力，使奶流到乳池再到乳头腔内被挤出来。

④ 挤奶结束时的处置。应先关掉真空泵开关，然后卸下乳头杯。挤奶不应过度，大多数奶牛都会在 4~5 分钟完成排乳，前面两个乳区比后两个乳区提前结束排乳，后两个乳区比前两个乳区产奶多，因此前面两个乳区会发生轻度挤奶过度。通常，这种情况不会引起任何问题。采取运行正常的挤奶机，挤奶时间超过 1~2 分钟不会造成乳房炎。

⑤ 按摩。卸下挤奶机的奶牛，挤奶员要按摩乳房，并将奶全部用手挤干。

⑥ 用安全和有效的消毒剂给乳头消毒。用温和的消毒剂浸泡或喷洒乳头末端三分之二的部分，如用 0.5% 的氢氧化钠。

⑦ 挤奶机消毒。为预防乳房炎的传播，在准备挤下一头奶牛之前必须对乳头杯橡胶内套管进行消毒。常用的办法是将乳头杯橡胶内套管放在清水里冲掉残留的牛奶。然后，乳头杯应放在含有消毒剂的桶中浸泡 2~3 分钟，并擦干橡胶内套管，如果操作不当，可能增加乳房炎的传播。多数挤奶机都配有自动清洗系统以快速有效地对乳头杯进行消毒。

⑧ 挤奶机冲洗。挤奶机用毕，将集奶器反过来，铁勾向下，使挤奶杯向下，放入冷水桶内，打开真空导管冷水即通过挤奶杯胶皮管到挤奶桶内。先用冷水洗，后用 85℃热水冲洗干净，最后将挤奶桶和集奶器等放在架上晾干。

3. 人工挤奶操作程序

挤奶员用小板凳坐在牛的右侧后 1/3 处，与牛体纵向呈 50°~60° 的夹角。奶桶夹于两大腿之间，左膝在牛右后肢关节前侧附近，两脚尖朝内，脚跟向外侧张开，以便夹住奶桶，这样即可开始挤奶。手工挤奶压榨法手法是用拇指和食指紧握乳头基部，然后再用其余各指依次按压乳头，左、右两手有节奏地一紧一松连续地进行。要求用力均匀，动作熟练。注意掌握好速度。一般要求每分钟压榨80~120次，在排奶的短暂时刻，要加快速度。在开始挤奶和结束前，速度可稍缓慢但要求一气挤完。挤奶的顺序一般是先挤两后乳头，而后换挤两前乳头。必须严格按照顺序进行使其形成良好的条件刺激。有的初产母牛因乳头太小，不便于握拳压榨，可改用滑下法。其手法是用拇指和食指紧夹乳头基部，而后向下滑动，这样反复进行。滑下法的缺点是容易使乳头变形或损伤。在具体挤奶的过程中，往往用乳汁沾湿手指，指下才较顺利，但这样既不卫生，又容易使乳头发生裂纹。因此，在正常情况下不宜使用。

挤奶时应注意：挤奶员坐的姿势要求正确，既要便于操作又要注意安全。开始挤奶时，先将四个乳区的各个乳头挤出含细菌最高的第一、第二把奶，挤于遮有黑色绢纱布容器内，检查乳汁是否正常，如在纱布上发现有乳块或脓、血块等异物时，或发现乳房内有硬块或者出现红肿，乳汁的色泽、气味出现异常，应及时报告尽早进行治疗。对牛态度不可粗暴，不许任意鞭打，以防养成牛踢人恶癖等。挤奶完毕，要彻底洗净奶桶等用具。挤奶员一定要戴上紧口圆帽以防头发及污物落入奶桶，影响牛奶卫生。挤奶完毕后，用4%的碘甘油涂抹乳头，以防干裂及细菌侵犯。

【考核标准】

1. 挤奶前准备工作充分。

2. 机械挤奶、手工挤奶操作程序规范、正确。

3. 能写出机械挤奶和手工挤奶的程序和体会。

思考与练习

1. 奶牛饲养员不同岗位（犊牛、育成青年牛、成年母牛、产房奶牛）各有哪些职责？

2. 奶牛的主要生物学特性有哪些？

3. 我国饲养的奶牛主要以哪些品种为主？其外貌特征有哪些？

4. 如何培育高产后备奶牛？

5. 牛奶的初步处理主要包括哪些内容？

第二章　奶牛的繁殖技术

1. 掌握奶牛的生殖生理特点，熟记奶牛的性成熟和初配年龄。

2. 掌握奶牛发情鉴定的方法。

3. 掌握奶牛的人工授精技术。

4. 能熟练运用直肠检查法、阴道检查法、外表观察法、孕酮水平测定法、超声波诊断法等不同的方法对怀孕母牛进行妊娠诊断。

5. 能对分娩奶牛进行全面管理，包括观察分娩征兆，熟悉分娩过程，做好分娩前准备，加强分娩管理，做好产后保健。

技能要求

1. 学会奶牛发情鉴定的方法。

2. 掌握奶牛的分娩与助产。

第一节　奶牛的生殖生理特点

繁殖管理是奶牛生产的关键环节，奶牛只有经配种、妊娠、产犊后才能产奶。奶牛理想的繁殖周期是一年产一胎，即胎间距 365 天，减去 60 天干奶期，一胎的正常泌乳天数为 305 天。奶牛适宜的胎间距范围为 340~390 天，适宜的泌乳期为 280~330 天，产后适宜的配妊时间为 60~110 天。胎间距过短，影响当胎产奶量，胎间距过长，影响终生产奶量。因此，搞好奶牛的繁殖管理对提高产奶量和经济效益意义重大。

一、奶牛的性成熟和初配年龄

性成熟是指家畜的性器官和第二性征发育完善，母牛的卵巢能产生成熟的卵子；公牛的睾丸能产生成熟的精子，并有了正常的性行为。交配后母牛能够受精，并能完成妊娠和胚胎发育的过程。奶牛的性成熟的年龄一般在 8~12 月龄。但性成熟后牛不能马上配种，因它自身尚处在生长发育中，此时配种不仅影响牛自身的生长发育和以后生产性能的发挥，而且还影响到犊牛的健康成长，要等到牛体成熟后方可配种。

体成熟是指公母牛的骨骼，肌肉和内脏各器官已基本发育完成，而且具备了成熟时应有的形态和结构。体成熟晚于性成熟，当母牛的体重达到成年母牛体重的 70% 左右时，达到体成熟，可以开始配种。牛的性成熟和体成熟，一方面取决于年龄，同时与品种、饲养管理、气候条件、性别、个体发育情况有关。一般小型品种早于大型品种，饲养管理条件好的早于差的，气候温暖地区早于寒冷地区，所以确定母牛的初配时要灵活掌握。奶牛的初配年龄，一般在 1.5~2 岁，但配种也不能过迟，过迟往往造成以后配种困难，又影响了生产。

二、母牛的发情

母牛在性成熟后，开始周期性发生一系列的性活动现象，如生殖道黏膜充血、水肿、排出黏液、精神兴奋、出现性欲、接受其他牛的爬跨、卵巢有卵泡发育和排出卵等。上述的内外生理活动称为发情，把集中表现发情征候的阶段称为发情期。由一个发情期开始至下一个发情期开始的期间，称为一个发情周期。母牛的发情周期平均为 21 天，发情期受光照、温度、饲养管理、个体情况等因素的影响，有一个变动幅度，变动的范围为 17~25 天。发情期分为发情前期、发情期、发情后期和休情期。

1. 发情前期

前期是发情的准备期，阴道的分泌物由干黏状态逐渐变成稀薄，分泌物增加，生殖器官开始充血，但不接受别的牛爬跨，此期持续时间为 4~7 天。

2. 发情期

发情期是母牛性欲旺盛期，表现为食欲减退，精神兴奋，时常哞叫，尾根举起，愿意接受其他牛的爬跨。外阴部红肿，从阴门流出大量黏性的透明液，阴道黏膜潮红而有光泽，黏液分泌增多。在牛群内常有些牛嗅发情牛的外阴部。发情持续的时间是指母牛接受爬跨到回避爬跨的时间。母牛发情的持续时间短，一般平均为 18 小时，范围是 6~36 小时，个别牛长达到 48 小时。因母牛的发情持续时间短，现在又是人工授精，因此，要注意观察牛的发情，以免错过发情期而失去配种的时机。母牛的排卵以在夜间居多。要掌握其特点，把握适时输精的时间，提高一次输精的成功率。

3. 发情后期

是发情现象逐渐消失的时期。母牛性欲消失，拒绝爬跨。阴道的分泌物减少，阴道黏膜充血肿胀状态逐渐消退，发情后期的持续时间为 5~7 天。母牛在发情后的 2~3 天从阴道内流出血液或混血的黏液。若出血量少，颜色正常，对牛妊娠没有不良影响；若出血量多，色泽暗红或是黑紫色，是患子宫疾病的征兆，要仔细检查，抓紧时间治疗，如治疗不及时，往往会造成母牛的不孕。

4. 休情期

也称为间情期，此期黄体逐渐消失，卵泡逐渐发育到下一次性周期。母牛的休情期的持续时间为 6~14 天，配种后母牛怀孕，这个时期称为怀孕期，周期黄体转为妊娠黄体，直到产犊前不再出现发情。

三、母牛产后第一次发情

为了及时给产后的母牛配种，缩短产犊间隔时间，要注意母牛产后的第一次发情。母牛经过妊娠、分娩、生殖器官发生了迅速而剧烈的变化，到重新发情、配种，母牛的生殖器官有一个恢复的过程，所以产后的第一次发情的时间不一致。在气温适宜，产后无疾病，饲养管理好的条件下，产后出现的第一次发情的时间就短些。一般是在产后 40~45 天发情，有的在产后 25~30 天即开始第一次发情。产后开始第一次发情时间，通常在 20~70 天的范围内。如果产后 60~90 天还没有发现发情，就要对母牛的健康、营养状况、卵巢和子宫进行检查和治疗，预防空怀和不孕。有些牛在产后因身体虚弱，或是大量泌乳，导致排卵而无明显的发情征状的隐性发情，特别是在高产牛中更为多见，有的牛群高达 45%。

对到发情期而不发情的母牛，应加强卵巢内卵泡发育检查。为了能达到牛每年一胎，就必须在产后的 85 天内受胎。在产后 20 天内恢复发情和配种的少数母牛，配种的受胎率只有 25%；产后 40~60 天配种的平均受胎率为 50%；产后在 60 天以上配种的受胎率稳定在 60% 左右。实行产后的早期配种，虽然增加了精液的消耗，但对缩短产间隔更有保证，能提高生产率。一般认为在产后的 40~50 天发情配种最为适宜。

四、异常发情

母牛发情受许多因素制约，一旦受某些因素的影响，母牛发情超出正常规律，就叫异常发情。母牛的异常发情主要有以下几种。

1. 隐性发情（潜伏发情）

母牛发情时没有性欲表现，这在产后母牛、高产牛和瘦弱母牛中较多。其主要原因是促卵泡素（雌激素）分泌不足。值得注意的是，母牛发情的持续时间短，尤其冬季舍饲期，容易漏情，必须严加注意。

2. 假发情

母牛假发情有两种情况，一种是有的母牛在妊娠 5 个月左右，突然有性欲表现，接受爬跨。但进行阴道检查时，子宫颈口收缩，也无发情黏液，但直肠检查时却能摸到胎儿，这种现象叫做妊娠过半。另一种是母牛虽具备发情的各种表现，但卵巢无发育的卵泡，这种现象常发生在卵巢机能不全的青年母牛和患有子宫内膜炎的母牛。

3. 持续发情

有的母牛连续 3~4 天发情不止，主要由两种原因造成。

（1）卵巢囊肿　这是由于不排卵的卵泡继续增生、肿大，在卵泡壁继续分泌雌激素的作用下，母牛发情的持续时间延长了。

（2）卵泡交替发育　开始在一侧卵巢有卵泡发育，产生雌激素，使母牛发情，但不久另一侧卵巢又有卵泡发育，于是前一卵泡发育中断，后一卵泡继续发育，这样的交替产生雌激素，从而延长母牛的发情。

4. 不发情

母牛因营养不良、卵巢疾病、子宫疾病，乃至严重的全身性疾病等都能使母牛不发情。泌乳盛期的高产母牛，也常在分娩后很久不发情。针对这些不同情况，应采取相应的有效措施，促其尽快发情配种。

第二节　奶牛的发情鉴定

对母牛发情的鉴定，是为了找出发情的牛，确定最适宜的配种时间，提高受胎率。饲养户判断牛是否发情，主要是靠对牛的外部观察。

一、观察牛的表现

根据母牛的精神状态、外部的变化和阴户流出的黏液性状等判断。母牛发情因性中枢兴奋表现出站立不安，哞叫，常弓腰举尾，检查者用手举其尾无抗力，频频排尿。食欲下降，反应减少，产奶量下降。这些表现随发情期的进展，由弱到强，发情快结束时又减弱。

母牛发情，阴唇稍有肿大、湿润，从阴户流出黏液。根据流出的黏液性状，能较准确地判断出发情母牛。发情早期的母牛流出透明如蛋清样，不呈牵丝的黏液；发情盛期黏液呈半透明、乳白色或夹有白色碎片，呈牵丝状，有些母牛从阴道中流出血液或混血黏液，是发情结束的表现。但有的母牛此时配种还能怀孕，如排出的黏液呈半透明的乳胶状，挂于阴门或黏附在母牛臀部和尾根上，并有较强的韧性，为母牛怀孕的排出物。

要特别注意以下的情况：如流出大量红污略带腥臭的液体，为产后母牛排出的恶露；如排出大量白色块状腐败物，并有恶臭，为母牛产后胎衣不下腐烂所致；排出带黄色的污物或似半汤稀薄无牵丝状的白色污物，为患生殖道炎症的母牛。发现类似的情况，要查明原因，采取措施，使其尽快恢复正常。

多数母牛在夜间发情，因此在天黑时和天刚亮时要进行细致观察，判断的准确率更高。

在运动场或是放牧地最容易观察到母牛的发情表现，如母牛抬头远望，精神兴奋，东游西走，嗅其他母牛相互爬跨，被爬母牛安静不动，后肢叉开和举尾，这时称为稳栏期，为发情盛期；只爬跨其他母牛而不接受其他母牛的爬跨，此牛没有发情。在稳栏期过后，发情母牛逃避爬跨，但追随的牛不离开，这是发情末期。总之，对繁殖母牛应建立配种记录和预报制度。根据记录和母牛发情天数，预报下一次发情日期。对预期要发情的牛观察要仔细，耐心，每天观察 2~3 次，使牛的发情不至于漏过。

二、阴道检查和直肠检查

其是鉴定母牛是否发情的两种常用方法，但这两种方法需要一定的器械并要严格的消毒，没有鉴定的经验和常识，也难以得到正确的结果。如果需要对牛进行这方面的检查，最好请配种员或畜牧技干帮助进行检查。

1. 阴道检查法

其是母牛发情鉴定的次要方法。可以用一根直径 4 厘米、长 30 厘米、两端光滑的粗玻璃管（也可以用开膣器），检查时将消毒过的玻璃管涂上润滑剂，轻轻插入阴道。

发情母牛阴部红肿，阴道黏膜和子宫颈充血水肿，子宫颈口松开流出黏液。发情初期黏液透明而量少，吊线程度差；到了发情旺期，黏液透明，黏液量大增，吊线程度高；后期黏液减少，稠度增加，透明度降低，最后变成白色，这时阴道黏膜、外阴部肿胀充血渐渐消失，皱纹增多，子宫颈口闭合。阴道检查比较省事，不需要特殊的技术。

2. 直肠检查法

直肠检查法是检查人员将手臂伸入母牛直肠内，隔着直肠壁摸母牛卵巢上卵泡发育及子宫变化来判断母牛的发情过程，确定输精的最佳时机。直肠检查法比较准确、有效。但要求操作人员必须具有熟练的操作技术和经验。直肠检查具体步骤如下。

①检查前把牛赶入保定架，用绳子绊住右后腿。

②检查时将手指并成锥形，手上要涂有润滑剂（如肥皂、液体石蜡等）。

③用温水洗净外阴部和肛门。

④先掏出粪便，然后掌心向下按摩，在骨盆底部或在其前缘就可摸到子宫颈，它是一个长圆形棒状物，质地较硬，前后排列。

⑤再向前就可以摸到子宫角间沟。在沟两边的前下方可摸到子宫角，子宫角有一定的弯度，在其大弯外略向下可摸到卵巢，用食指和中指固定，然后用大拇指轻轻触摸，检查其大小、形状和质地。

⑥检查要耐心细致，只许用指肚触摸，不可乱摸乱抓，以避免造成直肠黏膜损伤或黏膜大量脱落。

⑦检查完一头，冲去手臂上的粪便，可以再检查另一头。全部检查结束后，用温水洗净手臂，再用肥皂涂抹，然后冲净擦干，用70%~75%的酒精棉球消毒，涂上保护皮肤的润肤剂。

母牛发情时子宫和卵巢的表现如下：子宫颈变软，略张大，子宫角也膨大。触动时，收缩反应较强，发情开始后质地不太软，随着发情的进展，渐渐变软。产生卵泡的一侧卵巢（多为右侧）变大，有突出的卵泡，用手指轻轻触摸轻压，有一定的弹性。成熟的卵泡有一部分埋在卵巢中，如能摸到卵泡变薄，表明就要排卵。

第三节　奶牛的人工授精技术

一、同期发情

1. 同期发情的意义

同情发情又称同步发情，是通过某些外源激素处理，人为地控制并调整母牛在预定的一定时间内集中发情，以便有计划、合理组织配种。有利于人工授精的推广，按需生产牛奶，集中分娩并组织生产管理。配种前可不必检查发情，免去了母牛发情鉴定的繁琐工作，并能使乏情母牛出现性周期活动，提高繁殖率；同时也是进行胚胎移植时对母牛必须进行的处理措施。

2.同期发情的主要方法

现行的周期发情技术主要有两种途径。一是通过孕激素药物延长母牛的黄体作用而抑制卵泡的生长发育，经过一定时间后同时停药。由于卵巢同时失去外源性孕激素控制，则可使卵泡同时发育，母牛同时发情。另一种是通过前列腺素药物溶解黄体，缩短黄体期，使黄体提前摆脱体内孕激素控制，从而使卵泡同时发育，达到同期发情排卵。

（1）通过抑制发情的同期发情方法　主要使用孕酮、甲孕酮、18甲基炔诺酮、甲地孕酮、氯地孕酮等。孕激素药物的使用方法有阴道栓塞法、埋植法、口服法和注射法。药物的使用剂量因药物种类、使用方法以及药物效价等不同而有差异。一般停药后2~4天，黄体退化，抑制发情的作用解除，达到同期发情。在停药当天，肌内注射促性腺激素（如孕马血清促性腺激素），或同时再注射雌激素，可以提高同期效果。

①阴道栓塞法。栓塞物可用泡沫塑料块（海绵块）或硅橡胶环，后者是一螺旋状钢片，表面敷有硅橡胶的栓塞物，栓塞物中吸附有一定量的孕酮或孕激素制剂，每日释放量70毫克左右。借助开膣器和长柄钳将栓塞物放置于子宫颈外口处，使激素释放出来。处理结束后，将栓塞物拉出（上有细线），同时肌内注射孕马血清促性腺激素（PMSG）800~1 000国际单位，以促进卵泡的发育和发情的到来。

孕激素参考用量：18甲基炔诺孕酮100~150毫克，甲孕酮120~200毫克，甲地孕酮150~200毫克，氯地孕酮60~100毫克，孕酮400~1 000毫克。

孕激素的处理时间期限有短期（9~12天）和长期（16~18天）两种。长期处理后，发情同期率较高，但受胎率较低，短期处理的同期发情率偏低，而受胎率接近或相当于正常水平。如在短期处理开始时，肌内注射3~5毫克雌二醇和50~250毫克的孕酮或其他孕激素制剂，可提高发情同情化的程度。当使用硅橡胶环时，可在环内附一胶囊，内含上述量的雌二醇和孕酮，以代替注射，胶囊融化快，激素很快被组织吸收。这样，经孕激素处理结束后，3~4天内大多数母牛可以发情配种。

② 埋植法。将一定量的孕激素制剂装入管壁有孔的塑料管（管长18毫米）或硅橡胶管中。利用套管针或专门的埋植器将药物埋入耳背皮下或身体其他部位。过一定时间在埋植处切口将药管挤出，同时肌内注射孕马血清促性腺激素500~800国际单位，一般2~4天内母牛即发情。

③ 口服法。每日将一定量的孕激素均匀拌在饲料内，连续喂一定天数后，同时停喂，可在几天内使大多数母牛发情。但要求最好单个饲喂，比较准确，可用于舍饲母牛。

④ 注射法。每日将一定量的孕激素作肌肉或皮下注射，经一定时期后停药，母牛即可在几天后发情。此方法剂量准确但操作烦琐。

（2）通过溶解黄体的同期发情方法　使用前列腺素或其类似物溶解黄体。人为缩短黄体期，使孕酮水平下降，从而达到同期发情。投药方式有肌内注射和用输精器注入子宫内方法。多数母牛在处理后的3~5天发情。该方法适用于发情周期第5~18天卵巢上有黄体存在的母牛，无黄体者不起作用。因此，采用前列腺素处理后对有发情表现的母牛进行配种，无反应者应再作第二次处理。

前列腺素F2a（PGF2a）的用量：国产15-甲基前列腺素F2a子宫注入1~2毫克，肌内注射10~15毫克，国产氯前列烯醇子宫注入0.2毫克，肌内注射0.5毫克。在前列腺素处理的同时，配合使用孕马血清促性腺激素或在输精时注射促性腺激素释放激素（GnRH）或其类似物，可使发情提前或集中，提高发情率和受胎率。

无论是采用哪种方法，在处理结束后，均要注意观察母牛发情表现并及时输精。实践表明，处理后的第二个发情周期是自然发情，则对于处理后未有发情表现的牛应及时配种。

二、人工授精技术

当前常用的是用颗粒冻精或细管冻精解冻后直接进行输精。

1. 解冻精液

（1）颗粒冻精解冻　颗粒冻精解冻多采用一定量的经预热至40℃

的解冻液,将颗粒精液投入其中,经摇动至融化。解冻液可用 2.9% 的柠檬酸钠溶液,也可用含葡萄糖 3% 和柠檬酸钠 1.4% 的溶液。

(2)细管冻精解冻 解冻时细管封口端向上,棉塞端朝下,投入 40℃左右的温水中,待细管颜色改变立即取出后输精。解冻后的精液 应取样检查活率,凡在 0.3 以上者即可使用。若一次输精母牛头数较 多,也可在输精前随机抽样检查。

为了方便起见,也可在输精前将细管冻精放在贴身口袋内,用体 温使其解冻后输精,这种方法比较简便有效。

2. 检查精液品质

有条件的农户或奶牛场在输精前应对解冻后的精液进行质量检 查,只有品质符合要求的精液才能使用。精液品质检查要使用显微镜。

(1)检查死活精子比例 5% 水溶性伊红和 1% 苯胺溶液配制成 伊红苯胺黑染液后,将其分装于容量为 0.5 毫升左右的指形玻璃小管 内。染色前将染液放入 37℃恒温箱或水浴箱中预热,再滴入解冻精液 2~3 滴,混匀后再放入温箱,3 分钟后制作抹片,待抹片风干后在油镜 下观察。

死精子为红色,活精子不着色或只在头部的核环处呈淡红色。随 机观察 200 个精子并计算出死、活精子的比例。通常活精子比例在 40% 以上的方可用于输精。

(2)检查密度 对精子密度检查的最简单的方法是:取 1 滴解冻 后的精液在低倍镜下凭经验粗略地估计其密度是否符合输精要求,只 有精液密度在"中等"以上者方可用于输精(包括"中等")。

3. 准备输精器材

对精液接触的用具进行清洗、消毒灭菌,并且不能有任何不利于 精液存活的化学物质残留。用前最好用稀释液或生理盐水冲洗,确保 对精液无毒害作用。最好一头母牛准备一个输精枪或枪头,一次性输 精器只能一牛一支。开腟器最好一牛一个。用前在消毒剂中浸过,用 凉开水冲过后,放入干燥箱中干燥,放凉使用(冬季应防止过冷)。

4. 输精

母牛的输精方法有开腟器法和直肠把握输精法。其中直肠把握输 精法是目前较为常用的一种方法。无论是哪种方法,输精前都要对母牛进行保定，将尾拉（或拴）向一侧，外阴部用肥皂水清洗后，用清水洗净，擦干。

（1）开膣器法　开膣器输精在技术上要求不高，比较容易操作，但受胎率低，耗费的精液也较多。将玻璃阴道开膣器或金属开膣器消毒后涂上润滑剂，缓缓插入阴道，借助手电筒或折光镜，找到子宫颈外口，另一手将输精管插入子宫颈 1~2 厘米，推入精液，接着慢慢取出输精管与开膣器。

（2）直肠把握输精法　这一方法对操作技术要求相对较高，输精员要经过严格训练，熟练掌握输精、发情鉴定、妊娠诊断等技术，并能严格遵守操作规程且具有严格消毒的科学态度。直肠把握输精时能够了解子宫或卵巢情况，节省精液且受胎率高。

输精时左手（或右手）戴上长臂手套并涂少量石蜡油伸入直肠，排出宿粪。手伸至直肠狭窄部后，将直肠向后移，向骨盆腔底下压，找到子宫颈（棒状，质地较硬有肉质感，长 10~20 厘米）。手移至子宫颈后端（子宫颈阴道部），使子宫颈呈水平方向，并用力将子宫颈向前推，使阴道壁拉直，方便输精器向前推进。右手将输精器前端伸到子宫颈外口附近，左手配合，使前端对准子宫颈外口。左右手配合，上下调整，使输精器前端进入子宫颈深部或子宫体内。等确认输精器到达子宫体时（短距离前后移动时，没有明显阻力），不要再向前推送输精器。将精液缓慢注入，并慢慢抽出输精器。注意，输精器插入阴道时，应向前上方。当遇到阻力时，不能使用蛮力。输精器插入子宫颈管时，推进力量要适当，以免损伤子宫颈、子宫体黏膜。当母牛摆动时，可将手松开，管子随牛摆动，只要不掉出来即可。如果输精器后端为胶头，将精液压入子宫内后，不要松开胶头，以免精液流回输精器内。

第四节　奶牛的妊娠诊断

母牛人工输精或本交一个情期后不再发情则预示着妊娠。然而，奶牛是生理代谢十分旺盛的品种，生理功能很容易受到各种不良环境的影响而受到干扰，也可能是牛场管理不到位，繁殖记录不准确，或有公牛混群，发生记录外的交配，以及其他繁殖生理紊乱引起的发情周期不规律的情况。因此，母牛在下一个发情期没有发情不能都认为是怀孕了。要确定是否妊娠还要进行妊娠鉴定。

妊娠诊断的方法很多，如母牛外部表现，生殖器官的变化和胎儿的确诊，以及超声波检查，放射免疫诊断等。其中妊娠母牛的外部表现，直肠检查生殖器官变化是最基本的方法。这些方法在牛场可以直接操作，需要具有扎实基础的技术人员。各种妊娠诊断方法的操作规程如下。

一、直肠检查法

对配种后 2~4 个月的母牛做直肠检查，助手要做好记录。术者要穿上医用的背心、胶靴、薄胶外科长袖手套。术者指甲要剪短、磨光，不能戴戒指、手表等物。母牛要保定好，最好在保定架内进行。助手将母牛尾巴拴绳，固定到腹部一侧，如系到牛颈上。用一缰绳套住后腿，防止母牛突然踢蹴，伤及术者，这在术者清洗母牛外阴部时最常发生，必须防范。牛的踢蹴是它的自我保护反应，并非要伤人，畜主不可抽打牛只，必须懂得善待动物。

清洗外阴部后，用液状石蜡油或无刺激性的肥皂液滑润肛门，再将手握成锥状，缓慢插入肛门。伸入后要先引向远端。牛的直肠括约肌会自然收缩，紧住手臂，此时宜缓缓推进，在直肠弯部，伸过一处狭窄部，不可直捅硬伸，防止伤及肠黏膜。此时可以逐步掏出一些牛粪，以便于触摸胎儿和子宫等器官为准。触摸时，手掌应该在牛的直肠紧束环以内，动作要温和、耐心、仔细。若发现一些血丝混在粪便内，就应小心。

检查的顺序：先是摸到子宫颈，顺其向前，摸到骨盆，由子宫体摸一侧子宫角，及两角间沟，探其大小变化，向孕角一侧找卵巢，再探其黄体状态。

直肠检查是最常用又可靠的方法，有经验的术者能在母牛妊娠后30 多天诊断出妊娠的结果。这些知识取决于术者掌握牛妊娠的生殖器官变化规律。

妊娠 21~24 天，在排卵侧卵巢上，存在有发育良好、直径为 2.5~3 厘米的黄体时，90% 是妊娠了。配种后没有妊娠的母牛，通常在第 18 天黄体就消退。因此，不会有发育完整的黄体。但胚胎早期死亡或子宫内有异物也会出现黄体，应注意鉴别。

妊娠 30 天后，两侧子宫大小不对称，孕角略为变粗，质地松软，有波动感，孕角的子宫壁变薄，而空角仍维持原有状态。用手轻握孕角，从一端滑向另一端，有胎膜囊从指间滑过的感觉，若用拇指与食指轻轻捏起子宫角，然后放松，可感到子宫壁内有一层薄膜滑过。

妊娠 60 天后，孕角明显增粗，相当于空角的 2 倍左右，波动感明显，角间沟变得宽平，子宫开始向腹腔下垂，但依然能摸到整个子宫。

妊娠 90 天，孕角的直径为 12~16 厘米，波动极明显。空角也增大了 1 倍，角间沟消失，子宫开始沉向腹腔，初产牛下沉要晚一些。子宫颈前移，有时能摸到胎儿。孕侧的子宫中动脉根部有微弱的震颤感（妊娠特异脉搏）。

妊娠 120 天，子宫全部沉入腹腔，子宫颈已越过耻骨前缘，一般只能摸到子宫的背侧及该处的子叶，如蚕豆大小，孕侧子宫动脉的妊娠脉搏明显。

120 天以后直至分娩，子宫进一步增大，沉入腹腔甚至抵达胸骨区。子叶逐渐长大如胡桃、鸡蛋。子宫动脉越发变粗，粗如拇指。空侧子宫动脉也相继变粗，出现妊娠特异脉搏。寻找子宫动脉的方法是，将手伸入直肠，手心向上，贴着骨盆顶部向前滑动。在岬部的前方可以摸到腹主动脉的最后一个分支，即髂内动脉，在左右髂内动脉的根部各分出一支动脉即为子宫动脉。用手指轻轻捏住子宫动脉，压紧一半就可感觉到典型的颤动。

妊娠奶牛子宫各部位和胚胎在各妊娠阶段的变化如下所述。

1. 孕角的变化

在妊娠早期两个子宫角中有一个被胚胎着床，母体要通过有胚胎的那个子宫角，即孕角为胎儿提供营养，因此该角迅速长大，是早期确诊母牛受胎的重要根据。随着孕期的延长，孕角变得越来越粗，其直径大小常被用来判断妊娠的天数。妊娠 30 天左右，在 2 厘米左右。

妊娠 60 天可达到 6~9 厘米，到 100 天时已不可能用手去握。孕角的长大由胎液量的多少而定，所以孕角的大小因个体而异，在同一胎龄大小也不是一样的。妊娠 90~100 天时胎液多达 1 000 多毫升，已经很容易确诊是妊娠，而且胎龄也比较确定，到约 5 个月时，胎液量多达 7 000 毫升，此后，没有更多的增加，要在这样的孕角大小的情况下确定胎龄，必须依靠触摸子叶的大小和子宫中动脉的粗细和颤动来决定。

2. 子宫体的位置变化

在妊娠前 2~3 个月，可在初产牛的骨盆腔中找到子宫。在年龄较大的经产牛中，尽管其未孕，但其子宫向前移位而位于骨盆前缘或位于骨盆前缘的前方。妊娠 2~3 个月，孕牛子宫已位于腹腔之中。不管任何年龄的母牛，妊娠 4 个月之后，子宫均已位于腹腔的底部。向前下方悬吊于腹腔内的子宫，由于重力所致使胎液下沉并集中在子宫的一处，致使术者不能达到。在妊娠 2~3 个月的初产牛或年轻的母牛中，通常子宫仍位于骨盆腔中。其孕角北侧膨大易于触诊。妊娠 5~6 个月，子宫向下、向前并完全降入腹腔。

3. 子叶的变化

用子叶大小来做妊娠检查，要在妊娠 3.5 个月以后，此时子叶的大小才易感觉出来。从子宫壁的触摸上，可以感知许多子叶存在，直径在 2 厘来左右。4 个月后子叶数很多，有大有小，形状也都不同。一般是孕角中部的最大，孕角尖的较小。

4. 子宫中动脉检查

妊娠继续时，子宫的血液供应量增加，子宫中动脉亦随之增大，其搏动特征明显，具有临床诊断意义。子宫中动脉起始于腹主动脉分出之髂内动脉处。在未孕的母牛中，子宫中动脉在子宫阔韧带中向后弯曲地越过髂骨干的背侧进入骨盆腔，然后向前、向下越过骨盆前缘进入子宫角小弯的中央部分。当妊娠继续下去时，子宫向前降入腹腔，从而把子宫中动脉拉向前，直至妊娠后期为止。此时，子宫中动脉位于髂骨干前方 5~10 厘米处。术者不要把股动脉与子宫中动脉相混淆，股动脉以筋膜牢牢地固着于处，而子宫动脉则可在阔韧带中移动一定距离，为 10~15 厘米。在初产牛中，早在妊娠期的 60~75 天，孕角子宫中动脉即开始变得粗大，其直径为 0.16~0.32 厘米。年龄较大的母牛中，妊娠 90 天时，才能注意到孕角子宫中动脉有大小方面的变化，其直径 0.32~0.48 厘米。妊娠 120 天，子宫中动脉直径为 0.6 厘米。妊娠 180 天，其直径为 0.9~1.2 厘米。妊娠 210 天，其直径约为 1.2 厘米。妊娠 240 天，其直径为 1.2~1.6 厘米。270 天其直径为 1.2~1.9 厘米。与此同时，非孕角子宫中动脉亦扩大，但其变化不如孕角子宫中动脉变化那么显著。随着子宫中动脉变得粗大，其脉管亦变薄，并以其特有的"呼呼转"的声音或"颤动"取代了原来子宫中动脉的脉搏跳动。这种现象一般最早出现在妊娠 90 天的母牛中，但也有可能有不同。在妊娠 4~5 个月，子宫中动脉的颤动是可能触诊到的。若把子宫动脉压得太紧，其颤动就可能停止，从而感觉到脉搏。触摸部位越接近于该动脉起始部，就越能明显地感知子宫中动脉的颤动。在妊娠晚期，轻轻触诊该动脉即可触知像一股急促的水流不断地在薄橡皮管里的流动感。在妊娠 5~6 个月，当子宫向前落入腹底时，触诊不到胎儿，此时子宫中动脉大小的变化及其颤动则有助于妊娠诊断。子宫中动脉的变化是很有价值的，它有助于诊断妊娠的阶段。若两侧子宫中动脉同样膨大，应怀疑双胎的存在。还可以诊断子宫中的胎儿是否还活着。在妊娠晚期，其他的子宫动脉如子宫后动脉亦相应地变大。

非孕角的子宫中动脉在其大小方面差异颇大。绝大多数妊娠牛的一部分或者整个非孕角参与胎盘的附着时，非孕角的子宫中动脉颤动才明显起来，但是 10%~20% 的母牛妊娠后期并不明显。

5. 胎儿的发育变化

在早期妊娠检查中一般触摸不到胎儿，所以摸胎儿不是早期妊娠检查的内容。在 75~90 天胎龄的时候，胎儿为实体，漂浮在孕角，但是故意去摸胎儿是不必要的。当妊娠约 2 个月时，在直肠检查时将孕角勾起，有一定沉重感，并触到圆形物时，不必去拿捏，以免流产。胎儿在子宫中的大小参见表 2-1。

表 2-1　妊娠期间奶牛胎儿的发育变化

妊娠期（天）	胎儿的重量（克）	胎儿长度（头顶部至臀部，厘米）
30	0.3	0.8~1
60	8~15	6~7
90	100~200	10~17
120	500~800	25~30
150	2 000~3 000	30~40
180	5 000~8 000	50~60
210	9 000~13 000	60~80
240	15 000~30 000	70~90
270	25 000~50 000	70~95

其他月龄一般触不到胎儿。但是到妊娠 6 个月之后，直肠检查往往能摸到胎儿的肢端。临产前，胎儿进入盆腔，这个时候做直检的目的不在于判定是否妊娠，而是要得知该牛的胎位、胎势，胎儿是否存活等问题，因此，也是十分重要的。

6. 卵巢的变化

排卵之后，在破裂的卵泡处长出黄体。若卵子发生受精，而且受精卵和胚胎的发育又是正常的，则黄体继续维持并发展直至妊娠结束。在大小方面，妊娠黄体与性周期黄体没有什么区别。然而当妊娠继续时，黄体趋于发育成黑棕色，在大量上皮层覆盖之下，妊娠黄体在卵巢表面的突起程度就较差。在整个妊娠期中，妊娠黄体将维持其大小。妊娠黄体大多数位于与孕角同以下侧的卵巢上，仅约 2% 以下的妊娠黄体位于非孕角一侧的卵巢上。所以在配种 10~25 天，通过直肠检查发现一侧卵巢上有一正常的黄体而又不发情，术者有理由认为母牛已孕。40~50 天，通过再次检查，认定该侧卵巢依然存在黄体，与此同时受孕的子宫角发生典型的变化，则可进一步确定母牛已孕。妊娠的 4~5 个月，摸不到卵巢，此时不要把子叶或羊膜囊当成卵巢。因此，卵巢在妊娠诊断上有特定的意义。

二、阴道检查法

阴道检查可用开腔器带光源观察阴道的变化或用手检查，对直肠检查具有一定辅助性诊断意义。当妊娠时，阴道黏膜通常是苍白、干燥而黏稠的，比发情后期所见更干稠。

子宫颈口苍白、紧锁。有 60%~70% 的妊娠母牛，在子宫颈口可见到黏液塞，在妊娠的 20~80 天之间，且随孕期不断增大。有些牛的黏液塞是半透明带白色的黏液，其性状强韧而带黏性。特别要注意的是在分娩或流产前，黏液塞流失，变成线状排出，阴道黏膜较湿润、充血，子宫颈呈膨胀状态。因此，子宫颈黏液塞的变化可以揭示即将发生流产或是分娩。

随着妊娠的进展，胎儿长大，子宫体坠入腹腔，随之子宫颈被拉向前，阴道腔的长轴就被拉长。而临产之前，胎儿重返骨盆腔，子宫颈被顶向后方，这也是临产与妊娠后期的重要区别之一。

三、外表观察法

外部表现变化观察法。母牛配种后一个发情期内不发情，通常不能确定受胎。如果母牛 1~2 周后食欲增加，行动谨慎，性情变得温驯，被毛变得光亮，体膘有所改善，则可以初步视为妊娠。但这样的母牛在妊娠后 70~80 天还可能有发情表现，即孕后发情，每 100 头妊娠母牛中大概有 6 头会有这种现象，如果不做检查就给输精，会引起流产，造成不必要的损失。配种后 4~5 个月时母牛腹围出现左右不对称，有侧腹部突出，乳房开始胀大，并且一直没有发情征兆，则大多是妊娠了。有的母牛在此阶段，产奶量很快下降，也可以参考。

在生产中，农户在母牛配种后约 5 个月时可以做腹部触诊。做法是在母牛的右侧腹壁用手推压，可感到胎动，术者有间断地推向腹壁，每次可以触觉团状物或有蠕动。1~2 个月后可以在右腹侧用听诊器听到胎儿心脏搏动音，为妊娠无误。

触诊方法不宜用于早期妊娠诊断，但对于养牛者是必须掌握的常识，是对以上几种妊娠检查结果的补充。

四、孕酮水平测定法

根据妊娠后血中及奶中孕酮含量明显增高的现象，用放射免疫和酶免疫法测定孕酮的含量，判断母牛是否妊娠。由于收集奶样比采血方便，目前测定奶中孕酮含量的较多。试验证明，发情后 23~24 天取的牛奶样品，若孕酮含量高于 5 纳克／毫升为妊娠，而低于此值者为未孕。本测定法所示没有妊娠的阴性诊断的可靠性为 100%，而阳性诊断的可靠性只有 85%。因此，建议再进行直肠检查予以证实。

五、超声波诊断法

其是利用超声波的物理特性和不同结构的声学特性相结合的物理学诊断方法。国内外研制的超声波诊断仪有多种，是简单而有效的检测仪器。目前，国内试制的有两种，一种是用探头通过直肠探测母牛子宫动脉的妊娠脉搏，由信号显示装置发出的不同声音信号，来判断妊娠与否。另一种是探头自阴道伸入，显示的方法有声音、符号、文字等形式。重复测定的结果表明，妊娠 30 天内探测子宫动脉反应，40天以上探测胎心音，可达到较高的准确率。但有时也会因子宫炎症、发情所引起的类似反应，干扰测定结果而出现误诊。

有条件的大型奶牛场也可采用较精密的 B 型超声波诊断仪。其探头放置在右侧乳房上方的腹壁上，探头方向应朝向妊娠子宫角。通过显示屏可清楚地观察胎泡的位置、大小，并且可以定位照相。通过探头的方向和位置的移动，可见到胎儿各部位的轮廓，心脏的位置及跳动情况，单胎或双胎等。

在具体操作时，探头接触的部位应剪毛，并在探头上涂以接触剂（凡士林或液状石蜡）。

第四和第五种方法在农村养殖条件下并不可行，然而对于高产母牛和要留种的情况下，尤其在现代化的胚胎移植中心，是十分必要的检查手段。

第五节　奶牛的分娩管理

分娩是奶牛养殖的关键环节，分娩期也是疾病高发的时期，难产、死产、产道损伤、胎衣不下、产后瘫痪、乳房炎、子宫炎和产褥期感染及败血症等疾病是困扰分娩期奶牛健康的重要疾病。

一、注意牛的分娩征兆

乳房膨大：在分娩前 10~15 天，乳房迅速膨大，腺体充实，乳头膨胀，至分娩前一周乳房极度膨胀，并有水肿症。

1. 外阴部肿胀

临产前一周，阴唇逐渐松弛变软、水肿、其皮肤上的皱褶展平。阴门变的松长。阴道黏膜潮红，子宫颈肿胀松软，临产前 1~2 天还可见半透明黏液从阴户流出，垂于阴门（软产道开张的准备）。

2. 骨盆韧带松弛

临产前，骨盆韧带松弛，并于产前 12~36 小时更加松软，耻骨缝隙扩大，尾根两侧明显凹陷（硬产道开张的准备）。

3. 行动异常

母牛烦躁不安，时起时卧，尾高举，头向腹部回顾，排尿频繁，食欲停止或是减少。

二、分娩过程

娩出过程可人为地分为 3 个阶段。

第一产程即子宫颈扩张的过程，同时由于子宫收缩的加强可使胎儿朝着产道移行，这一阶段持续 2~6 小时（依品种和胎次不同而异）。可见母牛烦躁不安，来回走动，尾巴抬起，从产道中分泌大量黏液，排粪、排尿次数增加，呼吸频率加大。

第二产程即在挤破羊水囊和小犊牛进入产道之后的分娩阶段，应该要用 1.5~3 个小时（依品种和胎次不同而异）。决定分娩持续时间的基本要素是子宫颈的开张程度，而胎儿头部和肩部通过子宫颈时产生的压力能刺激子宫颈进一步开张。若时间过长则需调查下是什么原因并寻求帮助。犊牛应该呈俯位出生（即潜水姿势），否则就需要分析原因，并尽快给予帮助。

最后一个产程即胎衣排出的过程，这个过程要经过 2~12 小时的时间，超过 12 个小时仍未完全排出的即要分析原因并采取措施。

三、分娩前的准备工作

1. 产前健康监控

产前定期检查奶牛的健康状况，防患于未然，具有重要的意义。研究表明，如果一头牛产后患子宫炎，则产前其干物质采食量就显著下降。产前采食量和采食时间影响产后子宫炎的发病率，产前每天平均采食时间缩短 10 分钟，产后患子宫炎的概率增加 1.9 倍；产前每天采食量降低 1 千克，产后患子宫炎的概率增加 3.0 倍。另据报道，有 10% 的牛产前乳头封闭不紧，易漏奶和感染乳房炎。笔者拜访过南方的某大型奶牛场，产前暴发乳房炎，与饲料发霉和漏奶密切相关。在产前 2 周内，也要每天观察牛只采食和饮水情况，发现剩料量多和呈病态的牛只，及时进行诊治。

要特别关注分娩期奶牛采食情况。奶牛产后最突出的饲养问题就是干物质采食量不足，降低机体抵抗力，造成低血钙、酮病、能量负平衡等营养代谢性疾病，从而引发一系列生产问题。

2. 产前及时转群

设置围产牛舍，产前两个月转入围产牛舍。围产牛舍内饲养密度不能超过 80%，避免拥挤、骚动、滑倒和劈叉造成早产等严重后果。转群时务必耐心，谨慎，避免滑倒，设置专门的转牛通道，避免走牛舍中间的饲喂通道。笔者服务过的某大型牛场一个月发生过十几起往产房转牛时因滑倒而劈叉的事故。

必须设置专用的产房。一些大型牧场没有建设专门的产房。奶牛在围产牛舍内卧床上分娩，面积小，其他牛对分娩牛的威胁和应激很大，不利于健康分娩和顺产。新生犊牛抵抗力差，出生后在围产牛舍，卫生状况差，易感染成年母牛的疾病。一些牛场接产员观察不到位，犊牛产出后不能及时转至犊牛保育舍，被其他牛践踏致残或致死甚至被刮粪机刮入粪道。

　　至少提前 5 天转入产房。牛只在牛群中存在竞争位次。一头牛到一个新的牛群中需要通过竞争，甚至打斗去寻找自己的位次和相应的卧床、采食栏位和采食次序、饮水位置和饮水次序等生存资源，这需要几天的时间。奶牛预产期与实际产犊日期往往存在差异，因此为了最大限度地减少应激，让奶牛适应产房的新环境，至少在预产期前 5 天转入产房。

　　产房内有分娩征兆的母牛，转入专用的产犊栏位内，每个分娩栏位的面积不低于 9 米 ^{2}，每栏一头。奶牛分娩前的征兆：乳房肿大，充满乳汁，乳头肿胀，部分个体有漏奶的情况；外阴部松弛、阴门开张，流出溶解的子宫栓；骨盆松软、开张，尾根与荐坐韧带间出现明显的凹陷；食欲减少或废绝，精神不安，站立不定，频繁排尿、排粪，回首望腹和起卧不安等。

四、分娩管理

　　1. 产房管理

　　（1）产房管理　产房应安静、舒适、避免让奶牛感到应激和威胁。改善奶牛舒适度，单栏饲养，避免来自其他牛只的骚扰和攻击。若不能单栏饲养，则每头牛所占的面积不低于 9 米 ^{2}，否则应激大大增加。

　　（2）重视产房卫生　铺设垫草，而非让牛在水泥地面上分娩，特别是冬季。舒适的垫草会提高奶牛的舒适度。一些产房仅有部分区域有垫料，据观察奶牛往往选择躺卧在这些区域便证实了这一点。垫草要定期更换，每天消毒，以减少产褥期疾病的发生。

　　2. 适时助产和科学助产

　　分娩的原则是让奶牛自然分娩。大量的研究及生产实践的数据表明，有 80% 左右的奶牛可以自然分娩，实现顺产。一般情况下，难产的比例低于 10%。例如英国 152 641 头牛奶牛分娩记录中难产的发生率为 6.8%。原则是让奶牛自然分娩，但并不意味着接产员撒手不管，而要在 5~10 米的距离内观察，或在操作间随时调用监控录像观察，发现问题，比如对于有难产迹象的牛，还是需要及时采取干预措施。

（1）适时助产的"黄金法则"　羊水破裂2小时仍未娩出；牛蹄露出20分钟后没有进展；犊牛舌头发紫。

（2）科学助产　从奶牛生理学的角度，合理的助产拉力是70~95千克，两个人所提供的拉力足以达到。助产须顺着奶牛努责和阵缩的节奏进行，当奶牛努责和阵缩时往外拉，当努责和阵缩停止时，停止拉。务必谨慎使用助产器，助产器利用机械绞合的原理，可以提供680~910千克的拉力；而超过270千克的拉力就可以导致犊牛腿骨骨折。若要使用助产器，最好用绳子把牛放倒，然后再使用，以减少奶牛站立时摆动导致的损伤。最后一根肋骨娩出后，停止助产，让母牛自己娩出犊牛。尽量避免使用大于95千克拉力的助产，拴牛的绳索使用双重绳索。助产必须使用润滑剂（国外有专用的助产用润滑剂商品，可用石蜡油或凡士林代替），越多越好。润滑剂可大大降低犊牛身体与产道之间的摩擦力，减少拉倒、拉伤或撕裂的概率。

（3）催产素的科学使用　必须是产道完全开张之后再注射；正常剂量（30~50国际单位），严禁超量，因为其半衰期只有3~5分钟；间隔一段时间可再次给药。

（4）标准的助产流程　做好消毒工作，对器械、水桶、助产绳进行严格的消毒；清洗奶牛后躯，并进行消毒；最好把牛放倒；顺着奶牛努责和阵缩的趋势助产；进行产道损伤检查；如有产道损伤，使用含消毒液的流水冲洗10分钟，必要时进行缝合。

3.产犊记录

设置专用的产犊记录表，包括且不局限于以下内容：母牛号、分娩时间、产犊难易度、犊牛性别和牛号、是否早产、犊牛健康状况及是否留养、胎衣排出时间及是否胎衣不下等。

产犊难易度与初生犊牛存活率密切相关，必须做好奶牛产犊难易度记录，采用0-4分制评分标准。0分：顺产，不需要助产；1分：1人助产；2分：2人助产；3分：2人以上助产或使用助产器；4分：剖宫产。

4.挤奶管理

（1）严防乳房炎　大量研究显示，奶牛乳房炎发病率高达30%~40%，据报道，英国奶牛乳房炎发病率为33.2%，乳房炎给奶牛养殖带来巨大的经济损失，而干奶和分娩后是乳房炎的高发阶段。一些奶牛分娩后即患乳房炎等疾病，这与干奶期乳房炎治疗密切相关。干奶时必须进行乳房炎检测，发现患病个体，必须治愈后才可干奶，选择长效的优质干奶药制剂。一些牛场产房卫生状况差，不及时更换垫料和定时消毒，易发乳房炎。钙是肌肉收缩的重要因子，奶牛产后钙离子水平与挤奶后乳头括约肌闭合速度有关，低血钙使奶牛挤奶后乳头闭合推迟（正常情况下挤奶后约半个小时闭合，低血钙患牛需要 1~2 个小时才能闭合），从而易发乳房炎。经产牛产后亚临床型低血钙发病率高达 40%~60%，并将持续 2~3 天。产后科学补钙，防止低血钙，有利于降低乳房炎的发病率。

（2）新产牛优先挤奶 随着泌乳日的增加和胎次的增加，乳房炎的发病率和体细胞数（SCC）会随着增加。新产牛，特别是头胎牛，乳房健康水平高，往往伴随着生理性水肿，易发乳房炎。因此要优先挤奶，减少交叉感染的概率。

（3）检测抗生素残留 就经产牛而言，干奶时乳区灌注长效的干奶药，预防和治疗干奶期乳房炎。为了提高干奶期保护效果，一些干奶药有效作用时间长达 42 天，并且需要在分娩后弃奶 4 天。这就需要在分娩后及时进行抗生素残留检测，对测定结果为阴性的牛只及时转群，交售牛奶。

5. 做好转群工作

实施产后健康监控，至少 10 天。然后适时转群，从产房中转至新产牛舍。转群的条件。

① 胎衣排出。

② 无抗生素残留。

③ 无产褥期子宫炎，否则转入兽医院治疗。

④ 无新产牛乳房炎，否则转入兽医院治疗。

新产牛不宜在产房或兽医院呆很长的时间，一般产后 2~3 天满足上述条件者即可转入新产牛舍。理论上，头胎牛和经产牛应转入不同的新产牛舍饲养管理。新产牛舍饲养密度不得超过 80%，保证每头牛有 75 厘米的采食栏位宽度。

6. 犊牛饲喂管理

（1）保证初乳质量　一些人认为头胎牛初乳质量差，不能饲喂。然而，对于新建牧场来说，全是头胎牛，并且是批量产犊，没有其他选择。实际上，科学的策略是测定初乳的密度，初乳的密度与质量相关。使用比重计，可以很方便地测定初乳的密度（红色＝质量差，不可用；黄色＝质量差，勉强可用；绿色＝质量好）。初乳的质量与产量相关，据报道，初乳产量超过 8.5 千克会降低初乳中抗体水平，并引起被动免疫失败。多余的初乳可储存冰箱中冷冻备用。

（2）尽早挤初乳并饲喂犊牛　初乳应尽快饲喂，饲喂越早，免疫蛋白吸收效果越好，被动免疫效果越好。1 小时内饲喂吸收率可达100%，必要时进行灌服。初乳的饲喂量以犊牛出生重的 10% 为宜，而非固定为多少千克。犊牛出生后 2~3 天时，采血测定血清中抗体水平，判定初乳被动免疫效果（>7 克 /100 毫升，犊牛很可能处于脱水状态，犊牛已经生病或其他原因；5.5~7 克 /100 毫升，理想值；5.0~5.4克 /100 毫升，临界值，可以接受的下限值；<5.0 克 /100 毫升，被动免疫失败）。

奶牛产后非常虚弱，又是疾病高发的阶段，必须精心照料，做好产后健康监控，预防和降低疾病的发生。对高发的乳房炎和子宫炎坚持早发现早治疗；对低血钙等营养代谢性疾病要及早科学补钙，促进干物质采食，减少掉膘，防治真胃变位和酮病。奶牛分娩期的健康与围产后期的健康和生产性能息息相关。

五、产后保健

1. 补充营养

奶牛分娩过程中丢失大量的体液和电解质，消耗大量的能量，需要补充营养。一些牧场采用灌服的方式补充酵母、钙、电解质、多种维生素、丙二醇或甘油等营养液。灌服有一定的风险，灌服操作不当或速度过快会有部分液体通过气管进入肺部，导致死亡。

灌服时的注意事项，灌服器长度和直径合适，做好消毒工作，确保插入瘤胃内，仔细观察奶牛的反应，通过听诊、吹气、放在水面下观察气泡等方式确保插入到正确的位置。灌服时不宜过快，仔细搅拌，使药液或粉末溶于温水中。灌服后缓慢拉出灌服器，防止流入气管中液体。

2. 科学补钙防治低血钙

低血钙影响奶牛的健康水平。有报道显示，围产前期饲喂阴离子盐，调节阴阳离子平衡，并不能提高产后血浆中离子钙和总钙水平，也不能降低产后瘫痪的发生。因此，有必要产后进行科学补钙。

3. 产后镇痛

奶牛分娩过程伴随着严重的疼痛，并持续较长的时间，特别是产道损伤、双胞胎的牛和头胎牛。疼痛影响奶牛行为，易卧地不起，降低采食量和饮水量，易感染乳房炎和子宫炎。产后注射非甾体类解热镇痛抗炎药，实施产后镇痛，不仅能改善奶牛健康状况，还能提高动物福利，另外还有抗炎和退烧的功效。

技能训练

一、奶牛的发情鉴定

【目的要求】通过外部观察法，判断母牛的发情阶段；通过试情法，判断母羊的发情阶段。

【训练条件】母牛（含发情与未发情的母牛）若干头、试情公牛。

【操作方法】

1. 将若干头母牛放于运动场内，让其自由活动，注意观察其爬跨行为、精神状态、外阴部变化。

2. 有条件的实训场所可将试情公牛放入母牛群中，观察效果更明显。

3. 边观察边做记录，分析母牛表现，判断发情阶段。

【考核标准】

1. 能正确观察发情征象。

2. 能正确填写下列表格。

表2-2　母牛发情鉴定观察结果记录

母牛号	症状表现			鉴定结果
	爬跨行为表现	外阴部变化	精神状态变化	

二、母牛的分娩与助产

【目的要求】学会识别判断母牛分娩前预兆，正确给分娩母牛进行助产，提高牛犊成活率。

【训练条件】待产母牛，干燥保暖、干净卫生，经2%～3%烧碱溶液或2%～3%来苏尔溶液或10%～20%生石灰溶液彻底消毒的产房；产期用的饲草、饲料、垫草；接产用的毛巾、肥皂、药棉、剪子、5%碘酊、消毒药水、脸盆等；必须准备齐全。

【操作方法】

1. 分娩预兆

（1）乳房变化　初产牛乳房膨大，颜色红润，静脉血管怒张，乳头直立，能挤出少量乳汁。经产牛除上述变化外，还会出现漏奶现象。

（2）阴门变化　阴唇逐渐柔软、充血、肿胀、潮红，皮肤皱纹展平；生殖道黏液变稀，牵缕性增加；子宫颈塞软化，留在阴道内；阴门容易开张，卧下时更加明显，阴门内有黏液流出；软产道松弛。

（3）腹部变化　尾根两侧松软、塌陷，腹部下垂，行走时肌肉颤动。

（4）行为变化　排尿频繁，举动不安，行动不便，时起时卧，前蹄刨地，回头望腹，不时哞叫，食欲减退。当阴门张开并卧地努责时，马上就会分娩。

（5）体温变化　在临产前12小时左右体温下降0.4～0.8℃。

2. 产前准备

将临产母牛牵入一单独产房，取掉缰绳，让其自由活动。产房应背风向阳，干燥保暖，干净卫生，并事先用2%～3%烧碱溶液，或2%～3%来苏儿溶液，或10%～20%生石灰溶液，对其进行彻底消毒。产期用的饲草、饲料、垫草要准备充足。接产用的毛巾、肥皂、药棉、剪子、5%碘酊、消毒药水、脸盆等，必须准备齐全。

3.分娩过程

分娩过程是从子宫阵缩开始，到胎衣排出为止。整个过程可分为以下相互联系的3个时期。

（1）开口期　从子宫开始阵缩起，到子宫颈完全张开止，一般需2~6小时。母牛神情不安，喜静，腹部已有阵痛，但阵痛时间短，为15~30秒，间歇时间长，约为15分钟。随着分娩进程，阵痛加剧，腹部已有小的努责。

（2）产出期　从子宫颈完全张开起，到胎儿完全排出止，一般需0.5~4小时。母牛严重不安，腹痛加剧，时起时卧，背弓而用力努责；子宫颈完全张开，胎儿进入产道；腹部强烈收缩，收缩时间长而间歇时间短，约15分钟收缩7次；多次努责后，阴门露出羊膜；羊膜破后，部分羊水流出，继而胎儿的鼻端和前肢蹄部先出；后经强力努责而排出胎儿。

（3）胎衣排出期　从胎儿排出起，到胎衣完全排出止，一般需0.5~8小时。胎儿产出后，母牛仍有轻微努责，子宫还在收缩之中，以将胎衣排出。

4.助产

分娩是母牛的正常生理过程，一般都很自然，没有什么困难。但是有时由于多种因素的影响，发生难产，如果没有人照顾，常常会发生母子伤亡事故，从而影响正常的繁殖率，使生产受到损失。因此，母牛分娩时必须给予助产，其要点如下。

（1）在临产前，应用0.1%高锰酸钾溶液将母牛的外阴、肛门、尾根及后臀部进行彻底的清洗、消毒。

（2）若为正生，即两前蹄和头先进入产道，在嘴、鼻露出后而羊膜还未破裂时，应立即用手扯破羊膜，并用毛巾把嘴、鼻中黏膜擦净，以防胎儿闷死。若产出时间较长，应趁母牛努责之际，抓住两前腿管骨，向母牛后下方顺势拉出胎儿。

【考核标准】

1.产前准备充分。

2.分娩前兆判断准确。

3．助产操作规范，犊牛成活率高。

思考与练习

1．怎样确定母牛发情时适宜的配种时机？

2．根据实训体会，谈谈用直肠把握法给母牛输精应注意哪些问题。

3．简述母牛早期妊娠诊断的定义及意义，分析各种诊断方法的优缺点。根据生产实践，你觉得哪种方法最好？为什么？

4．如何处理难产母牛？

第三章 奶牛饲料及其加工调制

1. 了解奶牛主要粗饲料和精饲料的特性。
2. 掌握青干草、青贮饲料、精饲料的调制加工技术。
3. 了解奶牛需要的营养物质和需要量。
4. 掌握奶牛全混合日粮的加工和使用方法。
5. 掌握奶牛日粮精准饲喂的管控方法。

技能要求

熟练掌握青贮饲料的制作操作技术。

第一节 奶牛的营养需要

一、奶牛需要的营养物质

奶牛需要的营养物质，主要从食入的饲料中获取。主要营养物质有水、粗蛋白质、碳水化合物、脂肪、矿物质及维生素等。

1. 水分

水是构成家畜体内的重要成分。缺时，被毛粗糙，食欲下降。奶牛每天饮水 60~100 升，喝水的数量与环境温度、饲料种类及生产状况有关。因此要保持充足的清洁饮水。夏季应设立水槽保持经常有水，自由饮水。饲料中都含有一定量水分，一般干草、枯草及精料中含水分 10%~15%，多汁饲料 70%~90%。日粮中水分过高，降低干物质采食量、发生总养分供给不足。饲料加水拌喂时，尽量要少加水，让牛采食后多从饮水中吸取水分。

2. 蛋白质

蛋白质是生命的基础，构成家畜机体的主要成分。肌肉、内脏、皮毛、血液、牛奶、胎儿及各种组织、腺体主要由蛋白质组成。生命活动所必需的激素、抗体、酶系统等物质的主要成分也是蛋白质。其在饲养上是不可缺少的营养素，而且是其他营养成分不可替代的营养物质。奶牛蛋白质供给不足时出现一系列不良症状，被毛粗糙、活动力差、精力不足、犊牛生长发育缓慢或停滞，成年牛产奶下降，影响发育、受孕，胎儿发育受阻，甚至造成死胎、流产。免疫功能下降，抗病力弱，发病增高，代谢系统紊乱，消化功能失调。

奶牛蛋白质的来源，一部分靠瘤胃环境降解产生，但大部分靠食入的饲料供给。饲料中粗蛋白质经过消化分解为氨基酸，进入血液中运输至各部位，通过体内加工重新合成各种体蛋白质。而合成蛋白质需 20 多种氨基酸，一部分体内合成称为非必需氨基酸，另外一部分氨基酸体内不能合成，但又不可缺少，必须从饲料中粗蛋白质中获取称为必需氨基酸。在饲养上，评定蛋白质品质高低，主要是以必需氨基酸多少来确定，即蛋白质生物学价值。蛋白质生物学价值越高，必需氨基酸含量越多，可消化蛋白质利用率越高。各种饲料中蛋白质含量不同，蛋白质生物学价值也不同，一般豆科较禾本科完善，动物类最好。因此饲养上要采取配合饲料，多种饲料互补。为此，日粮中多以豆科牧草、豆科籽类和饼类饲料及鱼粉等动物性饲料来供给蛋白质，这些饲料中不但粗蛋白质含量高而且生物学价值也高。日粮中如因长期蛋白质供给不足，奶牛就会分解自体组织蛋白，用于胎儿发育或产奶，严重影响奶牛健康，最终产奶量下降或停止，胎儿发育停止或流产、母牛发生疾病或死亡，饲养上称之为"负氮平衡"。

3. 碳水化合物

主要用于提供能量，用于奶牛生命活动维持体温、泌乳、妊娠、组织合成及修复等。日粮中主要成分包括淀粉、糖和粗纤维。含糖和淀粉最高的主要是禾本科籽实，尤以玉米能量最高，马铃薯、胡萝卜等块根类饲料中含量也很高。粗纤维主要存在于干草、秸秆及糠壳中。奶牛瘤胃中微生物能将粗纤维分解为挥发性脂肪酸，为奶牛提供大量的能量。奶牛能量供给不足时必然动用体组织贮备来满足，形成掉膘，即"能量负平衡"。泌乳奶牛能量不足时引起产奶量下降、乳脂率降低、体重减轻。青年母牛能量不足时，生长缓慢，体形消瘦，发情推迟等。体内能量多余时，转化为脂肪贮存于体内。奶牛日粮中应含有足够的能量，尤其是在围产前后，泌乳初期需较高的能量，并控制体膘下降，达到和维持理想的泌乳高峰。

4. 脂肪

脂肪的主要作用是供应奶牛能量，溶解维生素而被奶牛吸收利用。奶牛对饲料脂肪的限度是最多可以达到7%，而一般日粮中含脂肪3%~4%，已能满足需要。如果在某种情况下，用于改善牛乳脂率时，可添加脂肪。但饲喂过多菜籽饼可降低乳脂率。

5. 矿物质

矿物质是构成家畜骨骼的组成部分，也是家畜体液的重要成分。对奶牛的生长发育，各组织的补充，泌乳、繁殖、体液分泌都有十分重要的作用。特别是高产奶牛，要消耗大量的矿物质，必须重视日粮矿物质的补给。在饲料中矿物质含量变化非常大，不同地块，不同的种植方法和加工方法，含量差异较大。通常采用添加的方法来满足奶牛矿物质的需要。

奶牛矿物质元素有两类。一类是需要量较大的元素，即常量元素，主要有：钙、磷、钾、钠、镁、硫、氯。第二类元素奶牛需要量很小，但作用又很大，又不可缺少的微量元素，即铁、铜、锰、锌、钴、碘、硒、铬，缺少时发生一系列症状，一般不计算饲料中含量，完全按奶牛需要标准在日粮中添加，奶牛对微量元素承受的安全范围大，可以选用市场产品按说明剂量添加。

6. 维生素

维持家畜正常生长、繁殖、生产以及健康所必需的微量化合物。奶牛维生素不足会引起代谢紊乱，产奶量下降，繁殖障碍等多种疾病。重要的维生素有两大类。一类是脂溶性维生素：有维生素 A、维生素 D、维生素 E、维生素 K。维生素 A，体内不能合成，需从饲料中或添加取得；维生素 D，紫外线照射皮肤能少量合成，日粮中可添加；维生素 E，体内不能合成，需日粮中补充，与繁殖机能密切；维生素 K，瘤胃、小肠内细菌群落提供，日粮中可不补充。另外一类是水溶性维生素，奶牛瘤胃中能合成，主要有维生素 C 和维生素 B，水溶性维生素一般不易缺乏，日粮中不必考虑补充。

二、泌乳奶牛各阶段的营养需要

1. 泌乳前期（包括围产期和泌乳盛期）

每千克干物质含量，产奶净能为 7.28~7.53 兆焦，粗蛋白质 18%，粗纤维 15%，钙 0.81%，磷 0.58%，钙磷比例为 1.5:1。产后 1~3 周内应加强饲养。一般分娩后 2~3 周到 100 天之内，奶量上升，以"料领着奶走"，至奶量不再上升或食欲饱感为止。当混合料喂量达体重 2.3% 左右，日粮持续一段时间，但不超过 30 天，精粗比例为（60:40）~（70:30）。要慎防奶牛体重过分降低，体重下降最多的牛其产犊间隔和再配间隔延长。因此产后尽早补料，特别是蛋白质饲料足量很重要。当饲料中总能量不足，大量动用体脂自体消耗，易出现酮血病。生产中常有 2~3 个月泌乳量猛烈下降的现象，大多是因为体内贮存能量耗尽，饲料能量又供不上所致。当泌乳牛日粮精料过多，其粗纤维为 12%~14.5% 时，为了保持瘤胃的正常环境和消化机能，防止前胃弛缓和乳脂下降，应加缓冲剂：碳酸氢钠 1%~1.5%，氧化镁 0.5%~0.8%。

2. 泌乳中期（产后 101~210 天）

此阶段泌乳高峰已过，但干物质采食量进入高峰。故体重开始增加，此期间奶量月下降幅度为 6%~10%，不太明显。此阶段牛所需养分除满足维持和产奶需要外，多余营养用于恢复失去的体重。若获营养平衡，泌乳保持平衡，奶量渐降，以"料跟奶走"，混合精料可渐减，延至 5~6 个泌乳月时，精粗比（50：45）~（50：55）。日粮每千克干物质含量：产奶净能 7.53 兆焦，粗蛋白质 17%，粗纤维 15%~17%，钙为 0.91%、磷 0.64%，钙磷比为 1.42：1。

　　3. 泌乳后期（高峰后 210 天至干乳前）

　　此期母牛已进入妊娠中后期，对营养需要有五个方面：即维持需要、泌乳需要、修复体组织、胎儿生长、妊娠组织。奶牛营养需要量在增加，此期体重增加高于泌乳中期，每日增重 500~700 克。泌乳前期体重减少的 35~50 千克，要尽量在泌乳中期和后期得到恢复。泌乳后期产奶虽然逐渐下降，但不能放松饲养，更要注意饲料配合的适口性，注重青粗料质量，保持奶牛食欲旺盛和健康，争取奶量平稳下降。日粮每千克干物质含量见表 3–1。

表 3–1　日粮每千克干物质含量

产奶量 （千克 / 日头）	产奶净能 （兆焦 / 千克 干物质）	粗蛋白质 （％）	粗纤维 （％）	钙 （％）	磷 （％）
30	6.778	16.0	17.4	0.6	0.4
25	6.778	15.8	18.7	0.6	0.4
22	6.36	15.0	19.7	0.7	0.5

第二节　奶牛常用粗饲料及其加工调制

　　粗饲料是指容重小、纤维成分含量高（干物质中粗纤维含量大于或等于 18%）、可消化养分含量低的饲料。主要有牧草与野草、青贮饲料、干草类、农副产品类（藤、秧、蔓、秸、荚、壳）及干物质中粗纤维含量大于等于 18% 的糟渣类、树叶类和非淀粉质的块根、块茎类。感观要求无发霉、变质、结块、冰冻、异味及臭味。

一、粗饲料的机械加工技术

　　粗饲料加工处理至关重要。常规的加工方法有切短、磨碎、打浆等，现在机械加工技术有了很大改进，尤其是玉米秸秆的机械加工。

1. 压块

利用饲料压块机，将秸秆压制成高密度饼块，压缩比例可高达20%，能大大减少运输与储存空间。若与烘干设备配合使用，可压制新鲜玉米秸秆，保证其营养成分不变，并能防止霉变。目前，还有加入转化剂后再压缩的技术，利用压缩时产生的温度和压力，使秸秆氨化、碱化、熟化，提高其粗蛋白质含量和消化率。经加工处理后的玉米秸秆截面为 30 毫米 × 30 毫米、长度为 20~100 毫米，密度达 600~800 千克 / 米 ^{3}，便于运输储存。压块生产成本低，适用于"公司 + 农户"养殖模式。

2. 磨粉

将玉米秸秆粉碎成草粉，经发酵后饲喂奶牛，能代替青干草，调剂饲料的季节性余缺，且喂饲效果较好。凡未发霉、含水率不超过15% 的玉米秸秆，均可作为粉碎的原料。将玉米秸秆用锤式粉碎机进行粉碎，草粉不宜过细，以长 10~20 毫米、宽 1~3 毫米为宜，过细影响奶牛反刍。将粉碎好的玉米秸秆草粉与豆科牧草草粉进行混合，二者比例为 3 : 1，发酵 1~1.5 天后每立方米草粉中加入骨粉 5~10 千克和玉米面、麦麸等 250~300 千克，充分混匀，即制成草粉发酵混合饲料。

3. 膨化

这是一种物理、生化复合处理方法，其机理是利用螺杆挤压方式把玉米秸秆送入膨化机中，螺杆螺旋推动物料形成轴向流动，同时，由于螺旋与物料、物料与机筒和物料内部的机械摩擦，使物料在强烈挤压、搅拌、剪切下被细化、均化。随着压力增大，温度相应升高，在高温、高压、高剪切作用力条件下，物料的物理特性发生变化，由粉状变成糊状。当糊状物料从模孔喷出的瞬间，在强大压力差的作用下，物料被膨化、失水、降温，产生出结构疏松、多孔、酥脆的膨化物，其较好的适口性和风味受到奶牛喜爱。

挤压膨化时，温度可达 160℃，不但可以杀灭病菌、微生物、虫卵，提高卫生指标，还可使各种有害因子失活，提高饲料品质，排除导致物料变质的各种有害因素，延长饲料的保质期。

玉米秸秆热喷加工技术是一种与膨化类似的复合处理方法，不同的是将秸秆装入热喷装置中，向内通入饱和水蒸气，使秸秆受到高温高压处理，然后对其突然降压，使处理后的秸秆喷出，从而改变其结构和某些化学成分，提高营养价值。经过膨化和热喷处理的秸秆，可直接饲喂奶牛，也可进行压块处理。

4. 制粒

将玉米秸秆晒干后粉碎，随后加入添加剂拌匀，利用颗粒饲料机制成颗粒饲料。由于加工过程中的摩擦升温，秸秆内部熟化程度深透，加工的饲料颗粒表面光洁，硬度适中，大小一致，并可根据需要调整粒径。此外，可应用颗粒饲料成套设备，自动完成秸秆粉碎、提升、搅拌和进料功能，随时添加各种添加剂，全封闭生产，自动化程度较高，适合饲料加工企业使用。

二、青绿饲料的加工

青草是奶牛最好的饲草。天然牧草的产草量受到土壤、水分、气候等条件的影响。有条件的养殖场，可以种植优质牧草或饲料作物，以供给奶牛充足的新鲜饲草；也可以晒制青干草或制成青贮饲料，在冬春季节饲喂奶牛。

（一）豆科牧草

豆科牧草富含蛋白质，人工栽培相对较多，其中紫花苜蓿、沙打旺、红豆草等适合中原地区栽培，尤其紫花苜蓿，栽培面积广，营养价值高。豆科草有根瘤，根瘤菌有固氮作用，是改良土壤肥力的前茬作物。

1. 紫花苜蓿

注意选择适于当地的品种。播种前要翻耕土地、耙地、平整、灌足底水。等到地表水分合适时进行耕种，施足底肥，有机肥以 3 000~4 000 千克 / 亩（667 米^2）为宜。一般在 9 月至 10 月上中旬播种，北部早，南部稍晚。播种量为 0.75~1 千克 / 亩，面积小可撒播或条播，行距为 30 厘米。每亩用 3~4 千克颗粒氮肥作种肥。播种深度以 1.5~2 厘米为好，土壤较干旱而疏松时播深可至 2.5~3 厘米。也可与生命力强、适口性好的禾本科草混播。因苜蓿种子"硬实"比例较大，播种前要作前处理。

科学的田间管理可保证较高的产草量和较长的利用期。紫花苜蓿苗期生长缓慢，杂草丛生影响苜蓿生长，应加强中耕锄草、使用除草剂、收割等措施。缺磷时苜蓿产量低，应在播前整地时施足磷肥，以后每年在收割头茬草后再适量追施 1 次磷肥。

紫花苜蓿的收割时期根据目的来定，调制青干草或青贮饲料时在初花期收获，青饲时从现蕾期开始利用至盛花期结束。收割次数因地制宜，中原地区可收 4~6 次，北方地区可收割 2~3 次，留茬高度一般4~5 厘米，最后一茬可稍高，以利越冬。

苜蓿既可青饲，也可制成干草、青贮饲料饲喂。不同刈割时期的紫花苜蓿干草喂奶牛的效果不同。现蕾至盛花期刈割的苜蓿干草对奶牛产奶效果差异不大，成熟后刈割的干草饲料报酬显著降低。

2. 沙打旺

也叫直立黄芪，抗逆性强、适应性广、耐旱、耐寒、耐瘠薄、耐盐碱、抗风沙，是黄土高原的当家草种。播种前应精细整地和进行地面处理，清除杂草，保证土墒，施足底肥，平整地面，使表土上松下实，确保全苗壮苗。撒播播种量每亩 2.5 千克。沙打旺一年四季均可播种，一般选在秋季播种好。

沙打旺在幼苗期生长缓慢，易被杂草抑制，要注意中耕除草。雨涝积水应及时开沟排除。有条件时，早春或刈割后灌溉施肥能增加产量。

沙打旺再生性差，1 年可收割两茬，一般用作青饲料或制作干草，不宜放牧。最好在现蕾期或株高达 70~80 厘米时进行刈割。若在花期收获，茎已粗老，影响草的质量，留茬高度为 5~10 厘米。当年亩产青草 300~1 000 千克，两年后可达 3 000~5 000 千克，管理不当 3 年后衰退。沙打旺有苦味，适口性不如苜蓿，不可长期单独饲喂，应与其他饲草搭配。沙打旺与玉米或其他禾本科作物和牧草青贮，可改善适口性。

3. 红豆草

最适于石灰性壤土，在干旱瘠薄的沙砾土及沙性土壤上也能生长。耐寒性不及苜蓿。不宜连作，需隔 5~6 年再种。清除杂草，深耕，施足底肥，尤其是磷肥、钾肥和优质有机肥。单播行距 30~60 厘米，播深 3~4 厘米。生产干草单播行距 20~25 厘米，以开花至结荚期刈割最好。混播时可与无芒雀麦、苇状羊茅等混种。年可刈割 2~4 次，均以第一次产量最高，占全年总产量的 50%。一般红豆草齐地刈割不影响分枝，而留茬 5~6 厘米更利于红豆草再生。红豆草的饲用价值可与紫花苜蓿媲美，苜蓿称为"牧草之王"，红豆草为"牧草皇后"。青饲红豆草适口性极好，效果与苜蓿相近，奶牛特别喜欢吃。开花后品质变粗变老，营养价值降低，纤维增多，饲喂效果差。

豆科还有许多优质牧草，如小冠花、百脉根、三叶草等。

（二）禾本科牧草

1. 无芒雀麦

适于寒冷干燥气候地区种植。大部分地区宜在早秋播种。无芒雀麦竞争力强，易形成草层块，多采取单播。条播行距 20~40 厘米，播种量 1.5~2.0 千克 / 亩，播深 3~4 厘米，播后镇压。栽培条件良好，鲜草产量可达 3 000 千克 / 亩以上，每次种植可利用 10 年。每年可刈割 2~3 次，以开花初期刈割为宜，过迟会影响草质和再生。无芒雀麦叶多茎少，营养价值很高，幼嫩无芒雀麦干物质中所含蛋白质不亚于豆科牧草，可青饲、青贮或调制干草。

2. 苇状羊茅

耐旱、耐湿、耐热，对土壤的适应性强，是肥沃和贫瘠土壤、酸性和碱性土壤都可种植的多年生牧草。苇状羊茅为高产型牧草，要注意深耕和施足底肥。一般春、夏、秋播均可，通常以秋播为多，播量为 0.75~1.25 千克 / 亩，条播行距 30 厘米，播深 2~3 厘米，播后镇压。在幼苗期要注意中耕除草，每次刈割后也应中耕除草。青饲在拔节后至抽穗期刈割；青贮和调制干草则在孕穗至开花期。每隔 30~40 天刈割 1 次，每年刈割 3~4 次。每亩可产鲜草 2 500~4 500 千克。苇状羊茅鲜草青绿多汁，可整草或切短喂牛，与豆科牧草混合饲喂效果更好。苇状羊茅青贮和干草，都是牛越冬的好饲草。

3. 象草

象草又名紫狼尾草，为多年生草本植物。栽培时要选择土层深厚、排水良好的土壤，结合耕翻，每亩施厩肥 1 500~2 000 千克作基肥。

春季 2—3 月间，选择粗壮茎秆作种用，每 3~4 节切成一段，每畦栽两行，株距 50~60 厘米。种茎平放或芽朝上斜插，覆土 6~10 厘米。每亩用种茎 100~200 千克，栽植后灌水，10~15 天即可出苗。生长期注意中耕锄草，适时灌溉和追肥。株高 100~120 厘米即可刈割，留茬高 10 厘米。生长旺季，25~30 天刈割一次，年可刈割 4~6 次，亩产鲜草 1 万 ~1.5 万千克。象草茎叶干物质中含粗蛋白质 10.6%，粗脂肪 2%，粗纤维 33.1%，无氮浸出物 44.7%，粗灰分 9.6%。适期收割的象草，鲜嫩多汁，适口性好，奶牛喜欢吃。适宜青饲、青贮或调制干草。

禾本科牧草还有黑麦草、羊草、披碱草、鸭茅等优质牧草，均是奶牛优良的饲草。

（三）青饲作物

利用农田栽培农作物或饲料作物，在其结实前或结实期收割作为青饲料饲用，是解决青饲料供应的一个重要途径。常见的有青割玉米、青割燕麦、青割大麦、大豆苗、蚕豆苗等。一般青割作物用于直接饲喂或青贮。青割作物柔嫩多汁，适口性好，营养价值比收获籽实后的秸秆高得多，尤其是青割禾本科作物其无氮浸出物含量丰富，用作青贮效果很好，生产中常把青割玉米作为主要的青贮原料。此外，青割燕麦、青割大麦也常用来调制干草。青割幼嫩的高粱和苏丹草中含有氰苷，奶牛采食后会在体内转变为氰氢酸而中毒。为防止中毒，宜在抽穗期收割，也可调制成青贮或干草，使毒性减弱或消失。

三、干草晒制

人工栽培牧草及饲料作物、野青草在适宜时期收割加工调制成干草，降低了水分含量，减少了营养物质的损失，有利于长期贮存，便于随时取用，可作为奶牛冬春季节的优质饲料。

（一）青草的收割

青饲料要适时收割，兼顾产草量和营养价值。收割时间过早，营养价值虽高，但产量会降低，而收割过晚会使营养价值降低。所以，适时收割牧草是调制优质干草的关键。一般禾本科牧草及作物，如黑麦草、苇状羊茅、大麦等，应在抽穗期至开花期收割；豆科牧草，如紫花苜蓿、三叶草、红豆草等，在开花初期到盛花期；另外收割时还要避开阴雨天气，避免晒制和雨淋使营养物质大量损失。

（二）干草的调制

适当的干燥方法，可防止青饲料过度发热和长霉，最大限度地保存干草的叶片、青绿色泽、芳香气味、营养价值以及适口性，保证干草安全贮藏。要根据本地条件采取适当的方法，生产优质的干草。

1. 平铺与小堆晒制结合

青草收割后采用薄层平铺曝晒 4~5 小时使草中的水分由 85% 左右减到约 40%，细胞呼吸作用迅速停止，减少营养损失。水分从 40% 减到 17% 非常慢，为避免长久日晒或遇到雨淋造成营养损失，可堆成高 1 米、直径 1.5 米的小垛，晾晒 4~5 天，待水分降到 15%~17% 时，再堆于草棚内以大垛贮存。一般晴日上午把草割倒，就地晾晒，夜间回潮，次日上午无露水时搂成小堆，可减少丢叶损失。在南方多雨地区，可建简易干草棚，在棚内进行小堆晒制。棚顶四周可用立柱支撑，建于通风良好的地方，进行最后的阴干。

2. 压裂草茎干燥法

用牧草压扁机把牧草茎秆压裂，破坏茎的角质层膜和表皮及微管束，让它充分暴露在空气中，加快茎内的水分散失，可使茎秆的干燥速度和叶片基本一致。一般在良好的空气条件下，干燥时间可缩短 1/3~1/2。此法适合于豆科牧草和杂草类干草调制。

3. 草架阴干法

在多雨地区收割苜蓿时，用地面干燥法调制不易成功，可以采用木架或铁丝架晾晒。其中干燥效果最好的是铁丝架干燥，其取材容易，能充分利用太阳热和风，在晴天经 10 天左右即可获得水分含量为 12%~14% 的优质干草。据报道，用铁丝架调制的干草，比地面自然干燥的营养物质损失减少 17%，消化率提高 2%。由于色绿、味香，适口性好，奶牛采食量显著提高。铁丝架的用材主要为立柱和铁丝。立柱由角钢、水泥柱或木柱构成，直径为 10~20 厘米，长 180~200 厘米。每隔 2 米立一根，埋深 40~50 厘米，成直线排列（列柱），要埋得直，埋得牢，以防倒伏。从地面算起，每隔 40~45 厘米拉一横线，分为三层。最下一层距地面留出 40~45 厘米的间隔，以利通风。用塑料绳将铁丝绑在立柱或横杆上，以防挂草后沉重坠落。每两根立柱加拉一条对称的跨线，以防被风刮倒。大面积牧草地可在中央立柱，小面积或细长的地可在地边立柱。立柱要牢固，铁丝要拉紧和绑紧，以防松弛和倾倒。其做法可参照图3-1。

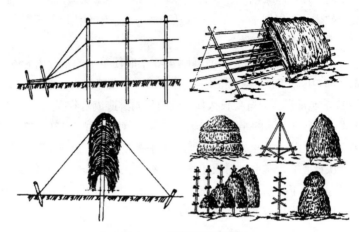

图3-1　晒制干草的草架

4. 人工干燥法

（1）常温鼓风干燥法　收割后的牧草田间晾到含水50%左右时，放到设有通风道的草棚内，用鼓风机或电风扇等吹风装置，进行常温吹风干燥。先将草堆成1.5~2米高，经过3~4天干燥后，再堆高1.5~2米，可继续堆高，总高不超过4.5~5米。一般每立方米草每小时鼓入300~350米³空气。这种方法在干草收获时期，白天、早晨和晚间的相对湿度低于75%，温度高于15℃时可以使用。

（2）高温快速干燥法　将牧草切碎，放到牧草烘干机内，通过高温空气，使牧草快速干燥。干燥时间取决于烘干机的种类、型号及工作状态，从几小时到几十分钟，甚至几秒钟，使牧草含水量从80%左右迅速降到15%以下。有的烘干机入口温度为75~260℃，出口为25~160℃；有的入口温度为420~1 160℃，出口为60~260℃。虽然烘干机内温度很高，但牧草本身的温度很少超过30~35℃。这种方法牧草养分损失少。

（三）干草的贮藏与包装

1. 干草的贮藏

调制好的干草如果没有垛好或含水量高，会导致干草发霉、腐烂。堆垛前要正确判断含水量。具体判断标准见表3-2。

表3-2　判断干草含水量的方法

干草含水量	判断方法	是否适合堆垛
15%~16%	用手搓揉草束时能沙沙响，并发出嚓嚓声，但叶量丰富低矮的牧草不能发出嚓嚓声。反复折曲草束时茎秆折断。叶子干燥卷曲，茎上表皮用指甲几乎不能剥下	适于堆垛保藏
16%~18%	搓揉草时没有干裂响声，而仅能沙沙响。折曲草束时只有部分植物折断，上部茎秆能留下折曲的痕迹，但茎秆折不断。叶子有时卷曲，上部叶子软。表皮几乎不能剥下	可以堆垛保藏
19%~20%	握紧草束时不能产生清脆声音，但粗黄的牧草有明显干裂响声。干草柔软，易捻成草辫，反复折曲而不断。在拧草辫时挤不出水来，但有潮湿感觉。禾本科草表皮剥不掉。豆科草上部茎的表皮有时能剥掉	堆垛保藏危险
23%~25%	搓揉没有沙沙的响声。折曲草束时，在折曲处有水珠出现，手插入干草里有凉的感觉	不能堆垛保藏

现场常用拧扭法和刮擦法来判断，即手持一束干草进行拧扭，如草茎轻微发脆，扭弯部位不见水分，可安全贮存；或用手指甲在草茎外刮擦，如能将其表皮剥下，表示晒制尚不充分，不能贮藏，如剥不下表皮，则表示可将干草堆垛。干草安全贮存的含水量，散放为25%，打捆为20%~22%，铡碎为18%~20%，干草块为16%~17%。含水量高不能贮存，否则会发热霉烂，造成营养损失，随时可能引起自燃，甚至发生火灾。

干草贮藏有露天堆垛、草棚堆垛和压捆等方法，贮藏时应注意。

（1）防止垛顶塌陷漏雨　干草堆垛后2~3周内，易发生塌顶现象，要经常检查，及时修整。一般可采用草帘呈屋脊状封顶、小型圆形剁可采用尖顶封顶、麦秸泥封顶、农膜封顶和草棚等形式。

（2）防止垛基受潮　要选择地势高燥的场所堆垛，垛底应尽量避免与泥土接触，要用木头、树枝、石头等垫起铺平并高出地面40~50厘米，垛底四周要挖排水沟。

（3）防止干草过度发酵与自燃　含水量在17%~18%以上时由于植物体内酶及外部微生物的活动常引起发酵，使温度上升至40~50℃。适度发酵可使草垛坚实，产生特有的香味，但过度发酵会使干草品质下降，应将干草水分含量控制在20%以下。发酵产热温度上升到80℃左右时接触新鲜空气即可引起自燃。此现象在贮藏30~40天时最易发生。若发现垛温达到65℃以上时，应立即采取相应措施，如拆垛、吹风降温等。

（4）减少胡萝卜素的损失　堆垛外层的干草因受阳光的照射，胡萝卜素含量最低，中间及底层的干草，因挤压紧实，氧化作用较弱，胡萝卜素的损失较少。贮藏青干草时，应尽量压实，集中堆大垛，并加强垛顶的覆盖。

（5）准备消防设施，注意防火　堆垛时要根据草垛大小，将草剁间隔一定距离，防止失火后全军覆没。为防不测，提前应准备好防火设施。

2. 干草的包装

有草捆、草垛、干草块和干草颗粒等4种包装形式。

（1）草捆　常规为方形、长方形。目前我国的羊草多为长方形草捆，每捆约重50千克。也有圆形草捆，如在草地上大规模储备草时多为大圆形草捆，其直径可达1.5~2米。

（2）草垛　是将长草吹入拖车内并以液压机械顶紧压制而成。呈长方形，每垛重1~6吨。适于在草场上就地贮存。由于体积过大，不便运输。这种草垛受风吹日晒雨淋的面积较大，若结构不紧密，可造成雨雪渗漏。

（3）干草块　是最理想的包装形式。可实行干草饲喂自动化，减少干草养分损失，消除尘土污染，采食完全，无剩草，不浪费，有利于提高牛的进食量、增重和饲料转化效率，但成本高。

（4）干草颗粒　是将干草粉碎后压制而成。优点是体积小于其他任何一种包装形式，便于运输和贮存，可防止牛挑食和剩草，消除尘土污染。

另外，也有采用大型草捆包塑料薄膜来贮存干草的。

（四）干草的品质鉴别

干草品质鉴定方法有感官（现场）鉴定、化学分析与生物技术法，生产上常通过感官鉴定判断干草品质的好坏。

1. 感官鉴定

（1）颜色气味　干草的颜色是反映品质优劣最明显的标志，颜色深浅可作为判断干草品质优劣的依据。优质青干草呈绿色，绿色越深，营养物质损失越小，所含的可溶性营养物质、胡萝卜素及其他维生素越多，品质也越好。茎秆上每个节的茎部颜色是干草所含养分高低的标记，如果每个节的茎部呈现深绿色部分越长，则干草所含养分越高；若是呈现淡的黄绿色，则养分越少；呈现白色时，则养分更少，且草开始发霉；变黑时，说明已经霉烂。适时刈割的干草都具有浓厚的芳香气味，能刺激奶牛的食欲，增加适口性，若干草具有霉味或焦灼的气味，品质不佳。

（2）叶片含量　干草中叶片的营养价值较高。优良干草要叶量丰富，有较多的花序和嫩枝。叶中蛋白质和矿物质含量比茎多 1~1.5 倍，胡萝卜素多 10~15 倍，粗纤维含量比茎少 50%~100%，叶营养物质的消化率比茎高 40%。干草中的叶量越多，品质就越好。鉴定时可取一束干草，看叶量的多少，优良的豆科青干草叶量应占干草总重量的50% 以上。

（3）牧草形态　初花期或初花期前刈割的干草中含有花蕾、未结实花序的枝条较多，叶量也多，茎秆质地柔软，适口性好，品质也佳。若刈割过迟，干草中叶量少，带有成熟或未成熟种子的枝条数目多，茎秆坚硬，适口性、消化率都下降，品质变劣。

（4）含水量　干草的含水量应为 15%~18%。

（5）病虫害情况　有病虫害的牧草调制成的干草营养价值较低，且不利于家畜健康，鉴定时查其叶片上是否有病斑出现，是否带有黑色粉末等。如果发现带有病症，不能饲喂家畜。

2. 干草分级

现将一些国家的干草分级标准（表 3-3 至表 3-6）介绍如下，作为评定干草品质的参考。

内蒙古自治区制定的青干草等级标准如下。

一等：以禾本科草或豆科草为主体，枝叶呈绿色或深绿色，叶及花序损失不到5%，含水量15%~18%，有浓郁的干草香味，但由再生草调制的优良青干草，可能香味较淡。无砂土，杂类草及不可食草不超过5%。

二等：草种较杂，色泽正常，呈绿色或淡绿。叶及花序损失不到10%，有香草味，含水量15%~18%，无砂土，不可食草不超过10%。

三等：叶色较暗，叶及花序损失不到15%，含水量15%~18%，有香草味。

四等：茎叶发黄或变白，部分有褐色斑点，叶及花序损失大于20%，香草味较淡。

五等：发霉，有霉烂味，不能饲喂。

表3-3 国外人工豆科干草的分级标准

	豆科（%）≥	有毒有害物（%）≤	粗蛋白质（%）≥	胡萝卜素（毫克/千克）≥	粗纤维（%）≤	矿物质（%）≤	水分（%）≤
1	90	—	14	30	27	0.3	17
2	75	—	10	20	29	0.5	17
3	60	—	8	15	31	1.0	17

表3-4 国外人工禾本科干草的分级标准

	豆科和禾本科（%）≥	有毒有害物（%）≤	粗蛋白质（%）≥	胡萝卜素（毫克/千克）≥	粗纤维（%）≤	矿物质（%）≤	水分（%）≤
1	90	—	10	20	28	0.3	17
2	75	—	8	15	30	0.5	17
3	60	—	6	10	33	1.0	17

表3-5 国外豆科和禾本科混播干草的分级标准

	豆科 （%） ≥	有毒有害 物（%） ≤	粗蛋白 质（%） ≥	胡萝卜素 （毫克/千克） ≥	粗纤维 （%） ≤	矿物质 （%） ≤	水分 （%） ≤
1	50	—	11	25	27	0.3	17
2	35		9	20	29	0.5	17
3	20	—	7	15	32	1.0	17

表3-6 国外天然刈割草场干草的分级标准

	禾本科和 豆科（%） ≥	有毒有害 物（%） ≤	粗蛋白 质（%） ≥	胡萝卜素 （毫克/千克） ≥	粗纤维 （%） ≤	矿物质 （%） ≤	水分 （%） ≤
1	80	0.5	9	20	28	0.3	17
2	60	1.0	7	15	30	0.5	17
3	40	1.0	5	10	33	1.0	17

（五）干草的饲喂

优质干草可直接饲喂，不必加工。中等以下质量的干草喂前要铡短到 3 厘米左右，主要是防止第四胃易位和满足牛对纤维素的需要。为了提高干草的进食量，可以喂干草块。

奶牛饲喂干草等粗料，按每百千克体重计算以 1.5~2.5 千克干物质为宜。干草的质量越好，奶牛采食干草量越大，精料用量越少。按整个日粮总干物质计算，干草和其他粗料与精料的比例以 50:50 最合理。

四、青贮调制

（一）青贮原理

青贮饲料是指在密闭的青贮设施（窖、壕、塔、袋等）中，或经乳酸菌发酵，或采用化学制剂调制，或降低水分而保存的青绿多汁饲料。白色青贮是调制和贮藏青饲料、块根块茎类、农副产品的有效方法。青贮能有效保存饲料中的蛋白质和维生素，特别是胡萝卜素的含量，青贮比其他调制方法都高。饲料经过发酵，气味芳香，柔软多汁，适口性好。可把夏、秋多余的青绿饲料保存起来，供冬春利用，利于营养物质的均衡供应。青贮调制方法简单，易于掌握；不受天气条件的限制；取用方便，随用随取；贮藏空间比干草小，可节约存放场地；贮藏过程中不受风吹、雨淋、日晒等影响，也不会发生自燃等火灾事故。

青贮发酵是一个复杂的生物化学过程。青贮原料入窖后，附着在原料上的好气性微生物和各种酶利用饲料受机械压榨而排出的富含碳水化合物等养分的汁液进行活动，直至容器内氧气耗尽，1~3 天形成厌氧环境时才停止呼吸。乙酸菌大量繁殖，产生乙酸，酸浓度的增加，抑制了乙酸菌的繁殖。随着酸度、厌氧环境的形成，乳酸菌开始生长繁殖，生成乳酸。15~20 天后窖内温度由 33℃降到 25℃，pH 值由 6 下降到 3.4~4.0，产生的乳酸达到最高水平。当 pH 值下降至 4.2 以下时只有乳酸杆菌存在，下降至 3 时乳酸杆菌也停止活动，乳酸发酵基本结束。此时，窖内的各种微生物停止活动，青贮饲料进入稳定阶段，营养物质不再损失。一般情况下，糖分含量较高的原料如玉米、高粱等在青贮后 20~30 天就可以进入稳定阶段（豆科牧草需 3 个月以上），如果密封条件良好，这种稳定状态可继续数年。

玉米秸、高粱秸的茎秆含水量大，皮厚极难干燥，因而极易发霉。及时收获穗轴制作青贮可免霉变损失。

（二）青贮容器

1. 青贮窖

青贮窖有地下式和半地下式两种，见图 3-2。

地下式青贮窖适于地下水位较低、土质较好的地区，半地下式青贮窖适于地下水位较高或土质较差的地区。青贮窖的形状及大小应根据奶牛的数量、青贮料饲喂时间长短以及原料的多少而定。原则上料少时宜做成圆形窖，料多时宜做成长方形窖。圆形窖直径与窖深之比为 1 : 1.5。长方形窖的四壁呈 95°倾斜，即窖底的尺寸稍小于窖口，窖深以 2~3 米为宜，窖的宽度应根据牛群日需要量决定，即每日从窖的横截面取 4~8 厘米为宜，窖的大小以集中人力 2~3 天装满为宜。青贮窖最好有两个，以便轮换搞氨化秸秆用。大型窖应用链轨拖拉机碾压，一般取大于其链轨间距 2 倍以上，最宽 12 米，深 3 米。

　　窖址应选择在地势高燥、土质坚硬、地下水位低、靠近牛舍、远离水源和粪坑的地方。从长远及经济角度出发，不可采用土窖，宜修筑永久性窖，即用砖石或混凝土结构。土窖不耐久，原料霉坏又多，极不合算。青贮窖的容量因饲料种类、含水量、原料切碎程度、窖深而变化，不同青贮饲料每立方米重量见表 3-7。

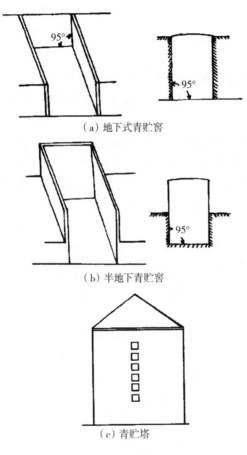

（a）地下式青贮窖

（b）半地下青贮窖

（c）青贮塔

图 3-2　青贮容器形式

表3-7　不同青贮饲料每立方米重量

饲料名称	每立方米重量（千克）
叶菜类，紫云英	800
甘薯藤	700~750
甘薯块根，胡萝卜等	900~1 000
萝卜叶，苦荬菜	610
牧草，野青草等	600
青贮玉米，向日葵	500~550
青贮玉米秸	450~500

当全年喂青贮为主时，每头大牛需窖容13~20米^3，小牛以大牛的1/2来估算窖的容量，大型牛场至少应有2个以上的青贮窖。

2. 圆筒塑料袋

选用0.2毫米以上厚实的塑料膜做成圆筒形，与相应的袋装青贮切碎机配套。如不移动可以做得大些，如要移动，以装满后两人能抬动为宜。塑料袋可以放在牛舍内、草棚内和院子内，最好避免直接晒太阳使塑料袋老化碎裂，要注意防鼠、防冻。

3. 草捆青贮

主要用于牧草青贮，将新鲜的牧草收割并压制成大圆草捆，装入塑料袋，系好袋口便可制成优质的青贮饲料。注意保护塑料袋，不要让其破漏。草捆青贮取用方便，在国外应用较多。

4. 堆贮

堆贮是在砖地或混凝土地上堆放青贮的一种形式。这种青贮只要加盖塑料布，上面再压上石头、汽车轮胎或土就可以。但堆垛不高，青贮品质稍差。堆垛应为长方形而不是圆形，开垛后每天横切4~8厘米，保证让牛天天吃上新鲜的青贮。

另外，在国外也有用青贮塔，即为地上的圆筒形建筑，金属外壳，水泥预制件做衬里。长久耐用，青贮效果好，塔边、塔顶很少霉坏，便于机械化装料与卸料。青贮塔的高度应为其直径的2~3.5倍，一般塔高12~14米，直径3.5~6米。在塔身一侧每隔2米高开一个0.6米×0.6米的窗口，装时关闭，取空时敞开，见图3-2（c）。可用于制作低水分青贮、湿玉米粒青贮或一般青贮, 青贮饲料品质优良, 但成本高。

（三）青贮饲料的制作

1. 青贮原料及其收获

许多青饲料均能青贮, 以含糖量多的青饲料较好。从表 3-8 可以看出含糖量高的禾本科作物或牧草易于青贮; 豆科作物或牧草含蛋白质高, 易腐烂, 难以青贮, 须用其他含糖量高的禾本科青饲料与之混合青贮。

表 3-8　一些青贮原料的含糖量

易于青贮的原料			不易青贮的原料		
饲料	青贮后 pH 值	含糖量 （%）	饲料	青贮后 pH 值	含糖量 （%）
玉米植株	3.5	26.8	草木樨	6.6	4.5
高粱植株	4.2	20.6	箭舌豌豆	5.8	3.62
菊芋植株	4.1	19.1	紫花苜蓿	6.0	3.72
向日葵植株	3.9	10.9	马铃薯茎叶	5.4	8.53
胡萝卜茎叶	4.2	16.8	黄瓜蔓	5.5	6.76
饲用甘蓝	3.9	24.9	西瓜蔓	6.5	7.38
芜菁	3.8	15.3	南瓜蔓	7.8	7.03

原料适时收割, 可以获得最大营养物质产量, 水分和可溶性碳水化合物含量适当, 有利于乳酸发酵, 易于调制优质青贮料。一般禾本科牧草宜在孕穗至抽穗期, 豆科牧草宜在现蕾至开花初期进行收割。收获果穗后的玉米秸青贮, 宜在玉米果穗成熟、玉米茎叶仅有下部 1~2 片叶黄时, 立即收割玉米秸青贮; 或玉米七成熟时, 削尖青贮, 但削尖时果穗上部要保留一张叶片。

2. 原料含水率的调节

含水率是调制优质青贮的关键之一。普通青贮原料含水量为 65%~75%。原料质地不同适宜含水量也有差别。质地粗硬的原料, 含水量可高达 75%~78%; 收割早、幼嫩、多汁柔软的原料, 含水量以

60%为宜。对含水量过高或过低的原料，青贮时均应处理或调节。通常是通过延长生育期、混贮、调萎或添加干料等方法来进行调节。

青贮原料的含水量最好用分析方法测定。但生产实践中常难以测定，一般用手挤压大致判别：用手握紧一把切碎的原料，如水能从手指缝间滴出，其水分含量在75%~85%；如水从手指缝间渗出并未滴下来，松手后原料仍保持球状，手上有湿印，其水分在68%~75%；手松后若草球慢慢膨胀，手上无湿印，其水分在60%~67%，适于豆科牧草的青贮；如手松后草球立即膨胀，其水分在60%以下，不易作普通青贮，只适于幼嫩牧草低水分青贮。

3. 青贮的制作

青贮前，先将窖底及四周清扫干净衬上塑料薄膜（水泥地面可免），将青贮原料切碎（愈短愈好，便于压实），填装到窖中，边装边压实，特别是窖的四周及四角处更要压实，一般小窖用人工踩实，大型窖则应从窖的一端开始压制，每天压制窖长方向3~10米，当所装原料高出窖口60厘米以上时，用无毒塑料薄膜（最好用双层）覆盖，塑料薄膜宜覆盖到窖口四周1米左右，使窖顶呈馒头状或屋脊状，以利排水和密封，然后在塑料薄膜上平铺一层薄土即可。封口时，撒上些尿素或碳铵，可减少表层饲料的霉败损失。大型青贮窖青贮制作见图3-3。

图3-3 大型青贮窖制作示意图

封窖后 3~5 天内，应注意检查窖顶，及时填补窖顶下陷处及裂缝处，防止漏水漏气。用禾本科植物制作的青贮，夏天一般在装窖 20 天以后就可开窖；纯豆科植物青贮，40 天以后才可开窖。长方形窖应从背风的一头开窖，每天切取 4 厘米以上。小窖可将顶部揭开，每天水平取料 5 厘米以上。取完料后再用塑料膜盖住，防止日晒雨淋和二次发酵损失。取出的青贮料应马上饲喂，冬季应放在室内或圈舍，解冻后再饲喂以免引起母牛流产。

4. 黄贮

将收获了籽实的作物秸秆切碎后喷水（或边切碎边喷水），使秸秆含水量达到 40%。为了提高黄贮质量，可按秸秆重量的 0.2% 加入尿素，3%~5% 加入玉米面，5% 加入胡萝卜。胡萝卜可与秸秆一块切碎，尿素可制成水溶液均匀地喷洒于原料上。然后装窖、压实，覆盖后贮存起来，密封 40 天左右即可饲喂。

5. 尿素青贮

在一些蛋白质饲料缺乏的地区，制作尿素青贮是一种可行的方法。玉米青贮干物质中的粗蛋白含量较低，约为 7.5%。在制作青贮时，按原料的 0.5% 加入尿素，这样含水 70% 的青贮料干物质中即有 12%~13% 的粗蛋白质，不仅提高了营养价值，还可提高牛的采食量，抑制腐生菌繁殖导致的霉变等。

制作尿素青贮时，先在窖底装 50~60 厘米厚的原料，按青贮原料的重量算出尿素需要量（可按 0.4%~0.6% 的比例计算），把尿素制成饱和水溶液（把尿素溶化在水中），按每层应喷量均匀地喷洒在原料上，以后每层装料 15 厘米厚，喷洒尿素溶液一次，如此反复直到装满窖为止，其他步骤与普通青贮相同（图 3-4）。

制作尿素青贮时，要求尿素水溶液喷洒均匀，窖存时间最好在 5 个月以上，以便于尿素渗透、扩散到原料中。饲喂尿素青贮量要逐日增加，经 7~10 天后达到正常采食量，并要逐渐降低精饲料中的蛋白质含量。

6. 青贮添加剂

（1）微生物添加剂　青绿作物叶片上天然存在的有益微生物（如乳酸菌）和有害微生物之比为 10：1。采用人工加入乳酸菌有利于使

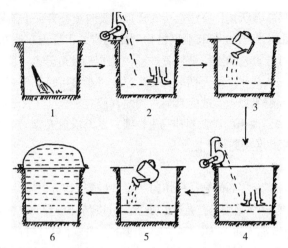

1. 清扫窖底；2. 装料 50~60 厘米踩实；3. 喷入 1/M 尿素（M= 总层数）；
4. 再装料 15 厘米，踩实；5、喷入 1/M 尿素；
6. 以后每装料 15 厘米、踩实，喷入 1/M 尿素，装料到高出窖 1~1.5 米，
用塑料薄膜密封

图 3-4 尿素青贮制作示意图

乳酸菌尽快达到足够的数量，加快发酵过程，迅速产生大量乳酸，使 pH 值下降，从而抑制有害微生物的活动。将乳酸菌、淀粉、淀粉酶等按一定比例配合起来，便可制成一种完整的菌类添加剂。使用这类复合添加剂，可使青贮的发酵变成一种快速、低温、低损失的过程。从而使青贮的成功更有把握。而且，当青贮打开饲喂时，稳定性也更好。

（2）不良发酵抑制剂 能部分或全部地抑制微生物生长。常用的有无机酸（不包括硝酸和亚硝酸）、乙酸、乳酸和柠檬酸等，目前用得最多的是甲酸和甲醛。对糖分含量少，较难青贮的原料，可添加适量甲酸，禾本科牧草添加量为湿重的 0.3%，豆科牧草为 0.5%，混播牧草为 0.4%。

（3）好气性变质抑制剂 即抑制二次发酵的添加剂。丙酸、己酸、焦亚硫酸钠和氨等都属于此类添加剂。生产中常用丙酸及其盐类，添加量为 0.3%~0.5% 时，可很大程度地抑制酵母菌和霉菌的繁殖，添加量为 0.5%~1.0% 时，绝大多数的酵母菌和霉菌都被抑制。

（4）营养性添加剂 补充青贮饲料营养成分和改善发酵过程，常

用的营养性添加剂如下。

① 碳水化合物。常用的是糖蜜及谷类。它们既是一种营养成分，又能改善发酵过程。糖蜜是制糖工业的副产品，禾本科牧草或作物青贮时加入量为4%，豆科青贮为6%。谷类含有50%~55%的淀粉以及2%~3%的可发酵糖，淀粉不能直接被乳酸菌利用。但是，在淀粉酶作用下可水解为糖，为乳酸菌利用。例如，大麦粉在青贮过程中能产生相当于自身重量30%的乳酸。每吨青贮饲料可加入50千克大麦粉。

② 无机盐类。青贮饲料中加石灰石不但可以补充钙，而且可以缓和饲料的酸度。每吨青贮饲料碳酸钙的加入量为4.5~5千克。添加食盐可提高渗透压，丁酸菌对较高的渗透压非常敏感而乳酸菌却较为迟钝。添加0.4%的食盐，可使乳酸含量增加，醋酸减少，丁酸更少，从而使青贮品质改善，适口性也更好。

虽然每一种添加剂都有在特定条件下使用的理由，但是，不应当由此得出结论：只有使用添加剂，青贮才能获得成功。事实上，只要满足青贮所需的条件，在多数情况下无须使用添加剂。

（四）青贮品质鉴定

青贮饲料品质的评定有感官（现场）鉴定法、化学分析法和生物技术法，生产中常用感官鉴定法。

1. 感官鉴定

通过色、香、味和质地来评定的。评定标准见表3-9。

表3-9 青贮饲料感官鉴定标准

等级	颜色	酸味	气味	质地
优良	黄绿色，绿色	较浓	芳香酸味	柔软湿润、茎叶结构良好
中等	黄褐色，墨绿色	中等	芳香味弱、稍有酒精或酪酸味	柔软、水分稍干或稍多、结构变形
低劣	黑色，褐色	淡	刺鼻腐臭味	黏滑或干燥、粗硬、腐烂

2. 化学分析鉴定

（1）酸碱度　是衡量青贮饲料品质好坏的重要指标之一。实验室可用精密酸度计测定，生产现场可用精密石蕊试纸测定 pH。优良的青贮饲料，pH 值在 4.2 以下，超过 4.2（低水分青贮除外）说明青贮发酵过程中，腐败菌活动较为强烈。

（2）有机酸含量　测定青贮饲料中的乳酸、醋酸和酪酸的含量是评定青贮料品质的可靠指标。优良的青贮料含有较多的乳酸，少量醋酸，而不含酪酸。品质差的青贮饲料，含酪酸多而乳酸少，见表 3-10。

一般情况下，青贮料品质的评定还要进行腐败和污染鉴定。青贮饲料腐败变质，其中含氮物质分解成氨，通过测定氨可知青贮料是否腐败。污染常是使青贮饲料变坏的原因之一，因此常将青贮窖内壁用石灰或水泥抹平，预防地下水的渗透或其他雨水、污水等流入。鉴定时可根据氨、氯化物质及硫酸盐的存在来评定青贮饲料的污染度。

表 3-10　不同青贮饲料中各种酸含量　（%）

等级	pH 值	乳酸	醋酸		酪酸		氨态氮/总氮
			游离	结合	游离	结合	
良好	3.8~4.4	1.2~1.5	0.7~0.8	0.1~0.15	—	—	小于 10
中等	4.5~5.4	0.5~0.6	0.4~0.5	0.2~0.3	—	0.1~0.2	15~20
低劣	5.5~6.0	0.1~0.2	0.1~0.15	0.05~0.1	0.2~0.3	0.8~1.0	20 以上

（五）奶牛饲喂技术及推荐量

1. 饲喂方法

（1）最好采用 TMR 全混合日粮方式饲喂　TMR 是根据奶牛不同生理阶段和生产性能的营养需要，把铡切适当长度的粗饲料、精饲料和各种添加剂按照一定的比例进行充分混合而得到的一种营养相对平衡的日粮，其最大的特点是奶牛在任何时间所采食的每一口饲料其营养都是均衡的。

采用 TMR 饲喂模式时，应根据奶牛营养需要量，包括干物质、奶牛能量单位（或产奶净能）、蛋白质、NDF、ADF、矿物质以及维生素的需要量，确定青贮的合适添加比例。

此外，应选用适宜型号的 TMR 制作设备，配合精确的混合技术，搅拌间隔等加工模式。调节 TMR 的物理特性，例如颗粒的大小、均质性、适口性、味道、温度和密度。有助于家畜对青贮的适应、采食和利用。

（2）没有条件采用 TMR 饲喂方式的牧场　应先饲喂青贮料，再饲喂干草和精料，以缩短青贮饲料的采食时间。

（3）适量饲喂　青贮饲料的饲喂量不应过高。由于青贮饲料具有轻泻作用，过量饲喂易导致幼畜腹泻。产奶母牛青贮类饲料饲喂推荐量 15.0~25.0 千克 / 天 / 头。

（4）禁喂坏料　青贮窖开封后，闻到青贮酸香味，饲料呈黄绿色，质地柔软、湿润，即可断定为发酵良好的青贮料，可定量取用饲喂。否则，不可饲喂，防止家畜中毒或孕畜流产。常见的方形青贮窖应从窖的一端开始，按青贮窖横截面自上而下整齐切取，尽量减少青贮料与空气的接触面。其他类型的青贮窖应按照避免二次发酵的原则采用合理的取料模式。不管何种类型的青贮窖，都应尽量保证取料面的平整，切忌打洞掏取，避免由于二次发酵引起的青贮品质下降，对奶牛健康造成不利影响。

此外，应保障青贮窖周围环境的清洁，及时清理霉变腐烂的饲料，以减少霉菌及其孢子的数量，防止其污染新鲜的青贮饲料。当植物在生长期间遭遇干旱、冰雹、虫害及肥料不平衡等极端条件下，就会出现高硝酸盐的情况，而饲料中存在过量的硝酸盐对奶牛健康会造成一定影响，甚至是危害作用。适时检测青贮中硝酸盐含量，确定饲料是否可饲喂给奶牛，如品质不合格禁止饲喂。粗饲料中硝酸盐水平与奶牛饲喂量的关系如下。硝酸根离子（%）0.0~0.44、硝酸盐氮（PPM)<1 000，推荐量：安全饲料源；硝酸根离子（%）0.44~0.66、硝酸盐氮（PPM）1 000~1 500，推荐量：怀孕奶牛限饲，不可超过日粮干物质基础的 50%，未怀孕奶牛不需限饲；硝酸根离子（%）0.66~0.88、硝酸盐氮（PPM）1 500~2 000，推荐量：不可超过日粮干物质基础的 50%；硝酸根离子（%）0.88~1.54、硝酸盐氮（PPM）2

000~3 500，推荐量：怀孕奶牛禁饲，未怀孕奶牛限饲，饲喂量不可超过日粮干物质基础的 35%；硝酸根离子（%）1.54~1.76、硝酸盐氮（PPM）3 500~4 000，推荐量：怀孕奶牛禁饲，未怀孕奶牛限饲，饲喂量不可超过日粮干物质基础的 20%；硝酸根离子（%）>1.76、硝酸盐氮（PPM）>4 000，禁止作为奶牛日粮。

（5）饲喂次数　青贮饲料或其他粗饲料，每天最好饲喂 3~4 次，增加奶牛反刍的次数。

（6）添加剂　饲喂大量青贮时，可在日粮中添加 1.5% 的小苏打，促进胃的蠕动，中和瘤胃内的酸性物质，升高 pH 值。

2. 饲喂量

在对青贮饲料品质进行评定后，应结合家畜的种类、年龄、体型、体况和生理阶段等因素，依据饲养标准，制定科学合理的日粮配方，确定青贮的饲喂量。成年泌乳牛每 100 千克体重青贮类饲料饲喂推荐量 5.0~7.0 千克 / 天。

3. 推荐配方

（1）泌乳前期奶牛日粮配方　泌乳前期奶牛日粮配方与营养组成（产奶量 >25 千克，泌乳天数 <91 天）。饲料配方（%）：玉米 24.0、麸皮 5.0、豆粕 7.0、棉粕 5.0、DDGS 5.0、磷酸氢钙 0.5、碳酸氢钙 0.5、小苏打 0.5、苜蓿草 10.0、玉米青贮 20.0、啤酒糟 4.0、干草 15.0、食盐 0.5、全棉籽 2.5、预混料 0.5。营养成分：产奶净能 6.8 兆焦 / 千克、奶牛能量单位（NND）2.2%、CP 16.0%、NDF 38.0%、ADF 21.0%、Ca 0.88%、P 0.37%。

（2）泌乳中后期奶牛日粮配方　泌乳中期奶牛日粮配方与营养组成（产奶量 20~25 千克，泌乳天数 100~200 天）。饲料配方（%）：玉米 22.0、麸皮 4.0、豆粕 4.0、棉粕 4.0、DDGS 3.0、胡麻粕 2.0、碳酸氢钙 1.0、碳酸钙 0.5、小苏打 0.5、食盐 0.5、预混料 0.5、玉米青贮 30.0、啤酒糟 3.0、干草 25.0。营养成分：产奶净能 6.3 兆焦 / 千克、奶牛能量单位（NND）2.0%、CP 15.0%、NDF 38.0%、ADF 21.0%、Ca 0.66%、P 0.34%。

（3）后备牛日粮配方　后备牛日粮配方及营养成分。饲料配方（%）：玉米 22.0、豆粕 4.0、棉籽粕 2.0、菜籽粕 2.5、DDGS 5.0、磷酸氢钙 0.5、石粉 0.5、食盐 0.5、预混料 0.5、尿素 0.5、玉米秸秆或干草 32.0、玉米青贮 30.0。营养成分：产奶净能 5.6 兆焦 / 千克、奶牛能量单位（NND）1.79%、CP 14.5%、NDF 46.8%、ADF 28.6%、Ca 0.68%、P 0.40%。

五、秸秆加工

目前，我国加工调制秸秆与农副产品的方法很多，有物理、化学和生物学方法。物理法有切碎、粉碎、浸泡、蒸煮、射线照射等。化学法有碱化、氨化、酸化、复合处理等。生物法主要有微贮等。但应用效果较好的是化学方法。

（一）碱化

秸秆类饲料主要有稻草、小麦秸、玉米秸、谷草、高粱秸等，其中稻草、小麦秸和玉米秸是我国乃至世界各国的三大主要秸秆。这三类秸秆的营养价值很低，且很难消化，尤其是小麦秸。如果能将其进行碱化处理，不仅可提高适口性，增加采食量，而且可使消化率在原来基础上提高 50% 以上，从而提高饲喂效果。

1. 石灰水碱化法

先将秸秆切短，装入水池、水缸等不漏水的容器内，然后倒入 0.6% 的石灰水溶液，浸泡秸秆 10 分钟。为使秸秆全部被浸没，可在上面压一重物。之后将秸秆捞出，置于稍有坡度的石头、水泥地面或铺有塑料薄膜的地上，上面再覆盖一层塑料薄膜，堆放 1~2 天即可饲喂。注意选用的生石灰应符合卫生条件，各有害物质含量不超过标准。

2. 氢氧化钠碱化法

湿碱化法是将切碎的秸秆装入水池中，用氢氧化钠溶液浸泡后捞出，清洗，直至秸秆没有发滑的感觉，控去残水即可湿饲。池中氢氧化钠可重复使用（图 3-5）。

也有把秸秆切碎，按每百千克秸秆用 13%~25% 氢氧化钠溶液 30 千克喷洒，边喷边搅拌，使溶液全部被吸收，搅匀后堆放在水泥、石头或铺有塑料薄膜的地面上，上面再罩一层塑料薄膜，几天后即可饲喂。

用氢氧化钠处理（碱化）秸秆，提高了采食量、消化率和牛的日增

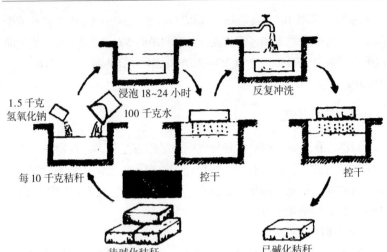

1.5 千克
氢氧化钠

浸泡 18~24 小时

100 千克水

反复冲洗

每 10 千克秸秆

控干

控干

待碱化秸秆

已碱化秸秆

图 3-5 氢氧化钠湿碱化法

重。但碱化秸秆使牛饮水量增大，排尿量增加，尿中钠的浓度增加，用其施肥后容易使土壤碱化。

（二）氨化

秸秆经氨化后，可提高有机物消化率和粗蛋白质含量；改善了适口性，提高了采食量和饲料利用效率；氨还可防止饲料霉坏，使秸秆中夹带的野草籽不能发芽繁衍。目前氨化处理常用液氨、氨水、尿素和碳铵等。

1. 液氨氨化

液氨又名无水氨，在常温常压下为无色气体，有强烈刺激气味，在常温下加压可液化，故通常保存于钢瓶中。

用液氨处理秸秆时，应先将秸秆堆垛，通常有打捆堆垛和散草堆垛两种形式。在高燥平坦的地面上，铺展无毒聚乙烯塑料薄膜，把打捆的或切碎的秸秆堆垛。在堆垛过程中，均匀喷洒一些水在草捆或散草上，使秸秆含水量约为 20%（一般每百千克秸秆再喷洒 8~11 千克水）。垛的大小可根据秸秆量而定，大垛可节省塑料薄膜，但易漏气，不便修补，且堆垛时间延长，容易引起秸秆发霉腐烂。一般掌握为垛高 2~3 米，宽 2~3 米，长度依秸秆量而定。用塑料薄膜把整垛覆盖，和地上的塑料膜在四边重合 0.5~1 米，然后折叠好，用泥土压紧。垛顶应堆成屋脊形或蒙古包形，便于排雨水，上面再压上木杠、废轮胎等重物。打捆堆垛时为使垛牢固，可用绳子纵横捆牢。最后将液氨罐或液氨车用多孔的专用钢管每隔 2 米插入草堆通氨，总氨量为秸秆量的 3%。通氨完毕，拔出钢管，立即用胶布，将塑膜破口贴封好（图 3-6）。

左：地面砌一高 10~15 厘米，宽 2~4 米，长则按制作量而定

中：把整捆麦秸用水喷洒，码垛高 2~3 米

右：用厚无毒塑料薄膜密封，四周用石块和沙土把塑料薄膜边压紧地面密封，用带孔不锈钢锥管按每隔 2 米插入，接上高压气管，通入氨气。为避免风把塑料薄膜刮掉，每隔 1~1.5 米，用绳子两端各拴 5~10 千克石块，搭在草垛上，把垛压紧

图 3-6　整捆堆垛氨化秸秆制作示意图

液氨堆垛氨化秸秆时，要防鼠害及人畜践踏塑料膜而引起漏气。为避免这一点也可用窖处理或氨化炉处理（见图 3-7）。

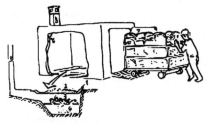

1. 不锈钢加热板；2. 板上放碳酸氢铵；3. 炉堂；4. 灰坑；5. 烟道；

6. 带隔热层炉墙（氨化炉壁）；7. 带隔热层炉门（用电作能源更好操作）

图 3-7　小型以煤为能源氨化炉示意图

氨化效果与温度有关（表 3-11）。所以堆垛氨化在冬季需要密封 8 周以上，夏季密封 2 周以上。如用氨化炉，温度不能超过 70℃，否则会产生有毒物质"4-甲基异吡唑"，氨化好后，将草车拉出，任其通风，放掉余氨晾干后贮存、饲喂。

表3-11 环境温度与氨化时间

环境温度（℃）	氨化时间（天）	环境温度（℃）	氨化时间（天）
0~5	>56	20~30	7~21
5~15	28~56	30~45	3~7
15~20	14~28	70	0.5~1

2. 尿素和碳铵氨化

尿素和碳铵已成为我国广大农民普遍使用的化肥。它来源广，使用方便，效果仅次于液氨，广泛被各地采用。氨对人体有害，液氨处理不当时，会引起中毒甚至死亡，而且液氨运输、储存不便。尿素或碳铵氨化更安全，适应性更广。

尿素、碳铵氨化秸秆可用垛或窖的形式处理。其制作过程相似于制尿素青贮，不过秸秆的含水量应控制在35%~45%；尿素的用量为3%~5%，碳铵用量为6%~12%。把尿素或碳铵溶于水中搅拌，待其完全溶解后，喷洒于秸秆上，搅拌均匀。边装窖边稍踩实，但不能全踩实，否则氨气流通不畅，不利于氨化，使氨化秸秆品质欠佳。用碳铵时，由于碳铵分解慢，受温度高低左右，以夏天采用较好。开窖（垛）后晾晒时间应长些，以使残余碳铵分解散失，避免牛多吃引起氨中毒。

氨化秸秆品质鉴别有感官鉴定、化学分析和生物技术法。生产中常用感官鉴定法进行现场评定，是通过检查氨化饲料的色泽、气味和质地，以判别其品质优劣。一般分为4个等级，如表3-12所示。

表3-12 氨化饲料品质感官鉴定等级

等级	色泽	气味	质地
优良	褐黄	糊香	松散柔软
良好	黄褐	糊香	较柔软
一般	黄白或褐黑	无糊香或微臭	轻度黏性
劣质	灰白或褐黑	刺鼻臭味	黏结成块

氨化成熟的秸秆，需要取出在通风、干燥、洁净的水泥或砖铺地面上摊开、晾晒至水分低于14%后贮存。切不可从窖中取出后马上饲喂，虽表面无氨味，但秸秆堆内部仍有游离氨气，须晒干再喂，以免氨中毒。

氨化秸秆可作为成年役牛或1~2岁阉牛的主要饲料，每日可喂8~11千克，根据体重大小有所不同。肉用或肉役兼用青年母牛，每日可喂5~8千克氨化秸秆；生长或肥育牛可据体重和日增重给予氨化秸秆。例如3%液氨处理的小麦秸、玉米秸、稻草喂黄牛，比未经氨化的日增重分别提高13.8%、37%、16%，每增重1千克分别减少精料耗量2.62千克、0.49千克、0.42千克。

（三）复合化学处理

用尿素单独氨化秸秆时，秸秆有机物消化率不及用氢氧化钠或氢氧化钙碱化处理；用氢氧化钠或氢氧化钙单独碱化处理秸秆虽能显著提高秸秆的消化率，但发霉严重，秸秆不易保存。二者互相结合，取长补短，即可明显提高秸秆消化率与营养价值，又可防止发霉，是一种较好的秸秆处理方法。

复合化学处理与尿素青贮方法相同。根据中国农业大学研究成果得出：秸秆含水量按40%计算出加水量，按每百千克秸秆干物质计算，分别加尿素和氢氧化钙2~4千克和3~5千克，溶于所加入的水中，将溶液均匀喷洒于秸秆上，封窖即可。

（四）物理加工

1. 铡短和揉碎

将秸秆铡成1~3厘米长短，可使食糜通过消化道的速度加快，从而增加了采食量和采食率。以玉米秸为例，喂整株秸秆时，采食率不到40%；将秸秆切短到3厘米时，采食率提高到60%~70%；铡短到1厘米时，采食率提高到90%以上。粗饲料常用揉碎机，如揉搓成柔软的"麻刀"状饲料，可把采食率提高到近100%，而且保持有效纤维素含量。

2. 制粒

把秸秆粉制成颗粒，可提高采食量和增重的利用效率，但消化率并未提高。颗粒饲料质地坚硬，能满足瘤胃的机械刺激，在瘤胃内降解后，有利于微生物发酵及皱胃的消化。草粉的营养价值较低，若能与精料混合制成颗粒饲料，则能获得更好的效果（表3-13）。

表3-13 颗粒饲料配方示例							（克／千克）
玉米秸	玉米粉	豆饼	棉籽饼	小麦麸	磷酸氢钙	食盐	碳酸氢钠
600	125	166	51	33	19	4	2

牛的颗粒饲料可较一般畜禽的大些。试验表明，颗粒饲料可提高采食量，即使在采食量相同的情况下，其利用效率仍高于长草。但制作过程所需设备多，加工成本高，各地可酌情使用。

3. 麦秸碾青

将30~40厘米厚的青苜蓿夹在上下各有30~40厘米厚的麦秸中进行碾压，使麦秸充分吸附苜蓿汁液，然后晾干饲喂。这种方法减少了制苜蓿干草的机械损失和曝晒损失，较完整的保存了其营养价值，而且提高了麦秸的适口性。

第三节　精饲料的加工调制

一、籽实饲料的加工调制

（一）籽实类饲料的营养

籽实饲料一般均作为高能量或高蛋白饲料应用。与饲草相比，不仅可利用的养分含量高，而且各养分含量稳定，变异不大。由于牛有很强的利用非蛋白氮的能力，因此除犊牛饲料外，蛋白质含量很高的豆类饲料很少在养牛业中应用。用于饲养成年牛的籽实饲料多为能量饲料，其粗蛋白质在8%~12%之间（占物质的百分比），85%~90%为真蛋白。除籽实的荚壳外，70%的糖类物质为淀粉。纤维素和木质素是荚壳的主要成分，为提高籽实饲料的消化利用，用前须破碎。籽实饲料一般含钙低，含磷高；含维生素E高，维生素D低；除黄玉米外，一般含胡萝卜素很少。

籽实饲料的养分消化率高，其中有机物的消化率可达 75%~85%，粗蛋白质达 70%~80%，无氮浸出物达 85%~90%。

（二）加工调制

1. 粉碎

粉碎是籽实饲料最普通的加工方法，也最便宜。粉碎可以提高一些小而硬的籽实的消化率。但粉碎不宜太细，太细的粉状饲料不利于牛胃，尤其是第三胃（瓣胃）的消化利用。

2. 干碾压

相当于粗略的粉碎，颗粒大小可以有很大的不同。牛喜采食用这种方式加工的籽实饲料。

3. 制粒

制粒须先粉碎并与其他饲料相配合，最好通以蒸气，浸软和糊化，然后使饲料通过厚厚的钢膜，将其挤压成不同大小、长度和硬度的颗粒。牛比较喜欢采食这类饲料，并由于制粒还增加了饲料密度，降低了灰尘。

4. 焙炒

焙炒可以提高籽实饲料的适口性。用牛做的试验表明，焙炒玉米提高了日增重和饲料利用率。对于豆类，焙炒或经其他热处理可以破坏其对热不稳定的生长抑制因子，并有助于提高蛋白质的利用率。

5. 蒸气压片和加压蒸煮

这是 60 年代以来国外较广泛采用的籽实料加工方法。把籽实在碾压前通上 3~5 分钟的蒸气，比干碾所产生的粉尘少，但饲养结果与干碾无大差异。后来又把通气时间延长至 15~30 分钟，把籽实水分提高到 18%~20%，然后压成片状，牛喜欢吃这样的饲料。

6. 高水分谷物的加工

当谷物水分达 20%~35%，如果干燥成本过高，又因天气不好不容许田间干燥时，可采用这种方式。把干燥谷物有时再加水再按高水分谷物贮存法加工称"复新"。主要贮存于筒仓，筒仓的氧气量受到控制。饲喂时再把高水分谷物取出碾压。这样加工的缺点是所需设备费高，优点是可省干燥费用，而且碾压容易。

7. 酸保存

把整粒及粉碎较粗的高水分籽实料与 1%~1.5% 的丙酸或丙酸乙酸、丙酸甲酸混合物彻底混合，这样的谷物可以保存数月不坏。

二、饲料的糖化

为了提高奶牛的营养，增加甜度，使牛爱吃，可把含淀粉多的高粱面、玉米粉、麸皮及稻谷糠等各种精饲料糖化后喂，可使一部分淀粉变成麦芽糖，饲料中的糖含量就可从 1% 增加到 10%。可使饲料增加甜味，给牛提供速效能源，易消化，吸收快，牛爱吃，能显著增加牛的采食量。这种使饲料糖化的方法在畜牧业发达的国家已普遍采用，我国养牛业发达省份也常用这种糖化方法调制饲料喂牛，无论大型牛场、养牛户都很适用。

（一）糖化饲料的调制方法

先把需要糖化的玉米、高粱等多种饲料粉碎后，装入不漏水的木桶或缸内，再添加适量食盐及矿物质混合均匀。每装 0.5 厘米厚左右时，用 1 份饲料加 2~2.5 份比例烧开的热水，一面烫一面搅拌均匀，平整后再逐层装入。装满后，在饲料的最上面盖满一层稻谷糠或麻袋片，封闭盖好以保温，最好放于温暖的室内，促进糖化。如能在糖化饲料内再添加些大麦芽，能使饲料加快糖化。

（二）调制糖化饲料应注意的问题

饲料糖化时要注意保温，保持缸内温度在 55~65℃时，一般 3~4 小时就能糖化成功。如室温低，就要向后推迟饲喂时间。饲料糖化好后（以饲料变为甜酸为标准），要立即饲喂，防止酸败。根据其糖化快的特点，在制作糖化饲料时，应根据牛数和一天的喂量及室温情况来灵活掌握，分批进行，一批接一批，有计划地供应，饲喂不断。如制作的糖化饲料不能在当天用完，也不要废弃，可作为发酵饲料的原料。

三、饲料的发酵

饲料经发酵后易消化，营养增加，尤其能保持所有的维生素不流失。调制发酵饲料方法有 3 种。

（一）引子发酵法

因为发酵的酵母种价格高，在大批发酵饲料前，先做些酵母种，留做饲料引子发酵，可降低饲料调制成本。以100千克饲料为例，先取0.6~1千克面包酵母，加进40~50℃温水45~50升稀释，撒入玉米、高粱、糠麸等精料20千克，拌和均匀。间隔20~30分钟搅拌一次，经过4~6小时室温发酵即做好引子。再加入100~150升水及剩余的80千克精料，每经过1小时搅拌一次，需要6~9小时做成发酵饲料。

（二）直接发酵法

先向发酵槽内加水160~200千克水，加进面包酵母（0.5~1千克酵母加5升温水）稀释，再加入100千克精料，每30分钟搅拌一次，经过6~9小时做成发酵饲料，是最简便的一种直接发酵法。

（三）酵母发酵法

其也是一种先用酵母制做酵酶而后发酵的方法。如在40千克糖化饲料中（糖化饲料制法见上题糖化法），加进1千克酵母，每间隔20~25分钟搅拌一次，酵酶制做需6小时即成功。然后取出20千克酶加进110~150升温水中，再加80千克饲料进行发酵。剩下的20千克酵酶，可再加入20千克糖化饲料进行搅拌制成酵酶，这样可连续发酵5次。

第四节　奶牛的全混合日粮（TMR）技术

TMR技术是根据奶牛不同泌乳阶段的营养需要，把粗饲料、精饲料和各种常量元素、微量元素等添加剂按照适当的比例进行充分混合制成营养相对平衡的日粮进行饲喂的饲养技术。该技术可以针对大小奶牛群在恰当的阶段，都能够采食适量的平衡的营养达到后备牛最大的瘤胃发育、最大的生长速度、最大的体高生长、成母牛最高的产量、最佳的繁殖率和最大的利润。

一、奶牛TMR饲养方式的优点

（一）提高干物质采食量

TMR 饲养技术便于控制精料粗料的营养水平和比例，提高干物质采食量，使动物可从低能量日粮中获得所需的各种营养物质，即可降低精粗比，从而降低了饲粮成本。TMR 饲养技术应用卢德勋（1993）提出的系统整体营养调控理论和技术来优化饲料配方，对干物质摄取量、粗蛋白质、过瘤胃蛋白质、能量、粗纤维、有效粗纤维、矿物质中常量元素和微量元素、阴阳离子平衡、维生素及缓冲剂等各项营养指标及日粮的精粗比均可逐一予以调整，同时又可有效地防止牛的挑食。

（二）TMR 饲养技术可有效地防止消化系统机能紊乱

奶牛每次吃进的 TMR 干物质中，含有营养均衡、精粗比适宜的养分，瘤胃内可利用碳水化合物与蛋白质分解利用更趋于同步；同时又可防止反刍动物在短时间内因过量采食精料而引起瘤胃 pH 值的突然下降；能维持瘤胃微生物（细菌与纤毛虫）的数量、活力及瘤胃内环境的相对稳定，使发酵、消化、吸收及代谢正常进行，因而有利于饲料利用效率及乳脂率的提高；并减少了一些疾病（如瘤胃积食、真胃移位、酮血症、乳热、瘤胃酸中毒、食欲不振及营养应激等）发生的可能性。

（三）TMR 饲养技术有利于开发和利用当地尚未利用的饲料资源

应用 TMR 饲养技术，使农副产品（如秸秆、谷草）及工业副产品（如酒糟、玉米酒精蛋白、玉米淀粉渣）等一些有异味或较差的粗料，经 TMR 搅拌车混合之后避免这种情况，提高了饲料利用率，从而配制相应的最低成本日粮。

（四）规模化生产

使用 TMR 饲养技术可进行大规模工厂化生产，使饲喂管理省工省时，提高了规模效益及劳动生产率。另外，也减少了饲喂过程中的饲草浪费。

（五）保证饲料结构

TMR 饲养技术除简单易行外，尚可保证反刍动物稳定的饲料结构，同时又可顺其自然地安排最优的饲料与牧草组合，从而提高草地的利用率。

（六）保持较高的 pH 值

采食 TMR 的反刍动物，与同等情况下精粗分饲的动物相比，其瘤胃液 pH 值稍高，因而更有利于纤维素的消化分解。

（七）有利于奶牛围产期饲养

就奶牛而言，TMR 饲养技术的使用有利于发挥其产乳性能，提高其繁殖率，同时又是保证后备母牛适时开产的最佳饲养体制。另外，在不降低高产奶牛生产性能（产奶量及乳脂率）的前提下，TMR 中纤维水平可较精粗分饲法中纤维水平适当降低。这就允许泌乳高峰期的奶牛在不降低其乳脂率的前提下，采食更高能量浓度的日粮，以减少体重下降的幅度，因而最大限度地维持了奶牛的体况，同时也有利于下一期受胎率的提高。

（八）TMR 饲养技术有助于控制生产

它可根据牛奶内含物的变化，在一定范围内对 TMR 进行调节，以获得最佳经济效益。

（九）饲喂程序简化

TMR 的使用，是过去饲喂不同阶段、不同产奶量奶牛的复杂过程，TMR 的使用把复杂的事情简单化。

二、奶牛TMR技术的应用与注意事项

（一）TMR 日粮调配

1. 根据不同群别配制

考虑 TMR 制作的方便可行，一般要求调制五种不同营养水平的 TMR 日粮，分别为：高产牛 TMR、中产牛 TMR、低产牛 TMR、后备牛 TMR 和干奶牛 TMR。在实际饲喂过程中，对围产期牛群、头胎牛群等往往根据其营养需要进行不同种类 TMR 的搭配组合。

2. 特殊牛群的配制

对于一些健康方面存在问题的特殊牛群，可根据牛群的健康状况和进食情况饲喂相应合理的 TMR 日粮或粗饲料。

3. 配制说明

① 考虑成母牛规模和日粮制作的可行性，中低产牛也可以合并为

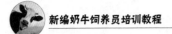

一群。

② 头胎牛 TMR 推荐投放量按成母牛采食量的 85%~95% 投放。具体情况根据各场头胎牛群的实际进食情况做出适当调整。

③ 哺乳期犊牛开食料所指为精料，应该要求营养丰富全面，适口性好，给予少量 TMR，让其自由采食，引导采食粗饲料。断奶后到 6 月龄以前主要供给高产牛 TMR。

（二）TMR 饲喂技术的几种模式

从运作形式上讲，可以将 TMR 搅拌车分为固定式和移动式两种类型。

1. 固定式

就是将搅拌车固定到饲料加工车间或牛场的某一位置，青贮、干草、精料等各种 TMR 配料通过人工或辅助机械加入搅拌车，生产好的 TMR 再由人工或一些运载工具运入牛舍饲喂。

2. 移动式

包括牵引式和自走式两种类型，牵引式主要由拖拉机提供动力，自走式自带动力驱动系统，移动式搅拌车可以移动到原料存贮处装取原料，然后将加工好的 TMR 直接撒到牛舍食槽供奶牛采食。移动式搅拌车因可以简化饲喂管理、减少物料搬运，所以较固定式可节省工人数量。

（三）TMR 的质量检测

常可以通过以下三种方法：直接检查日粮；宾州过滤筛；观察奶牛反刍。运用以上方法，坚持估测日粮中饲料粒度大小，保证日粮制作的稳定性，对改进饲养管理，提高奶牛健康状况，促进高产十分重要。

1. 直接检查日粮

随机地从牛全混日粮（TMR）中取出一些，用手捧起，用眼观察，估测其总重量及不同粒度的比例。一般推荐，可测得 3.5 厘米以上的粗饲料部分超过日粮总重量的 15% 为宜。有经验的牛场管理者通常采用该评定方法，同时结合牛只反刍及粪便观察，从而达到调控日粮适宜粒度的目的。

2. 宾州筛过滤法

美国宾夕法尼亚州立大学的研究者发明了一种简便的，可在牛场用来估计日粮组分粒度大小的专用筛。这一专用筛由两个叠加式的筛子和底盘组成。上面的筛子的孔径是 1.9 厘米，下面的筛子的孔径是 0.79 厘米，最下面是底盘。这两层筛子不是用细铁丝，而是用粗糙的塑料做成的。这样，长的颗粒不至于斜着滑过筛孔。具体使用步骤：奶牛未采食前从日粮中随机取样，放在上部的筛子上，然后水平摇动两分钟，直到只有长的颗粒留在上面的筛子上，再也没有颗粒通过筛子。这样，日粮被筛分成粗、中、细三部分，分别对这三部分称重，计算它们在日粮中所占的比例。另外，这种专用筛可用来检查搅拌设备运转是否正常，搅拌时间、上料次序等操作是否科学等问题，从而制定正确的全混日粮调制程序。

宾州筛过滤是一种数量化的评价法，但是到底各层应该保持什么比例比较适宜，与日粮组分、精饲料种类、加工方法、饲养管理条件等有直接关系。目前，三元绿荷引进三套宾州筛过滤正在进行相关研究，以尽快确定适合我国饲料条件的不同牛群的 TMR 制作粒度推荐标准。

3. 观察奶牛反刍

奶牛每天累计反刍 7~9 个小时，充足的反刍保证奶牛瘤胃健康。粗饲料的品质与适宜切割长度对奶牛瘤胃健康至关重要，劣质粗饲料是奶牛干物质采食量的第一限制因素。同时，青贮或干草如果过长，会影响奶牛采食，造成饲喂过程中的浪费；切割过短、过细又会影响奶牛的正常反刍，使瘤胃 pH 值降低，出现一系列代谢疾病。观察奶牛反刍是间接评价日粮制作粒度的有效方法。随时观察牛群时至少应有 50%~60% 的牛正在反刍。

（四）注意事项

1. TMR 分群

使用 TMR 技术必须进行分群。牛群如何划分，理论上讲，牛群划分得越细越有利于奶牛生产性能的发挥，但是在实践中我们必须考虑管理的便利性。牛群分得太多就会增加管理及饲料配制的难度、增加奶牛频繁转群所产生的应激；划分跨度太大就会使高产牛的生产性能受到抑制、低产牛营养供过于求造成浪费。

对于大型牛场，分群时可参考如下。

（3~6月龄）犊牛群、（7~12月龄）育成牛群、（13月到产前）青年牛群，干奶牛可分干奶前期（停奶到产前21天）和干奶后期（产前21天到产犊），产奶牛可分为产后升奶群（产犊~30天）、高产群、中产群、低产群，有条件的牛场头胎青年牛可以单独划分。中小型牛场可以根据实际情况具体确定，一般来说牛群的头数不宜过多（100~200头），同性状的牛可以分组饲喂，群间的产奶差距不宜超过9千克。

分群前要进行摸底，测定每头牛的产奶量、查看每头牛的产奶时间、评估奶牛的膘情。首先根据产奶量粗略划分，然后进行个别调整，刚产的牛（产后1月内）即使产奶不高，因其处在升奶期，尽可能将其分在临近的高产群，偏瘦的牛为了有效恢复膘情要上调一级。

2. TMR饲料搅拌车注意事项

① 根据搅拌车的说明，掌握适宜的搅拌量，避免过多装载，影响搅拌效果。通常装载量占总容积的70%~80%为宜。

② 严格按日粮配方，保证各组分精确给量，定期校正计量控制器。

③ 根据青贮及副饲料等的含水量，掌握控制TMR日粮水分。

④ 添加过程中，防止铁器、石块、包装绳等杂质混入搅拌车，造成车辆损伤。

三、实施TMR技术的配套措施

（一）牛舍的建筑

便于TMR机械设备应用，牛舍建筑应达到：跨度10米以上，长度60~120米，饲喂道宽4~4.5米。全自动化的牵引式TMR机械，要求饲槽应是就地式，便于饲草的投放和清理及牛的采食；对于卧式TMR机械，饲槽可灵活掌握。

（二）青贮窖舍及干草棚

窖口要宽大，便于取草车出入；干草棚要有一定的高度，不妨碍机械运作。

（三）适用的TMR设备

具备能够进行彻底混合饲料的搅拌设备和用于称量及分发日粮的专业设备。TMR的配制要求所有原料均匀混合，并用专用机械设备进行切短或揉碎。为了保证日粮营养的平衡，要求具备性能良好的混合和计量设备。TMR 通常由搅拌车进行混合，并直接送到奶牛饲槽，需要一次性投入成套设备。

（四）稳定的饲料原料结构和种类

科学设计奶牛 TMR 配方，原则上青贮占 40%~50%、精饲料 20%、干草 10%~20%、其他粗饲料 10%。要求适宜的粗纤维含量与长度，日粮含水量控制在 45%~50%。

（五）分群饲养

奶牛需要根据生理阶段、生产性能进行分群饲喂，每一个群体的日粮配方各不相同，需要分别对待。特别是在泌乳早期，如果 TMR 的营养浓度不足，高产奶牛的产奶高峰则有可能下降；在泌乳中后期，低产奶牛如不及时转到 TMR 营养浓度较低的牛群，奶牛则有可能变胖，不能维持良好体况。

第五节　奶牛精准饲喂的日粮管控

奶牛场获取经济效益的关键是高产，而产奶量提高的关键就是确保奶牛的营养需求得到满足以及提高其舒适度。在有良好的基础设施和管理制度并严格执行的情况下，可以做到提高奶牛舒适度。但最大限度地满足奶牛的营养需求是一个复杂的体系。在设计日粮配方时，不但要合理、充分利用市场原料，尽量降低成本确定满足奶牛需求的科学配方；加工过程中在称重、投放、搅拌过程尽量减少误差，搅拌均匀；还必须保证尽量让牛采食到新鲜安全、足够的、配合好的饲料；最后还要通过消化吸收情况对日粮进行评价、反馈。简单概括为"配方日粮""投喂日粮""采食日粮""消化日粮"，通过"四粮"管控解决奶牛营养需求问题。

一、配方日粮

（一）掌握原料情况

设计日粮配方时需充分了解并掌握原料市场的价格波动，以及原料的营养价值、供应长期稳定性等。以青贮饲料为例，介绍选购饲料原料的注意事项。

青贮饲料在混合日粮中用量较大，其营养含量丰富，是奶牛喜好的基础口粮。但其营养成分差异化较大，尤其是水分含量差异对日粮配比和饲喂成本影响较大。特别是高产奶牛产后要求干物质采食量最大化，对青贮质量要求更高。所以采购时一定要购买优质的青贮饲料，严格控制水分含量，不能仅仅以价格高低进行判断。比如一般青贮料的干物质含量为 20%，100 千克青贮料售价 35 元，则 1 千克干物质为 1.75 元，按该价格计算 100 千克干物质含量为 30% 的青贮料价值 52.5 元，所以在市场上即使从 0.35 元 / 千克提高到 0.40 元 / 千克收购 30% 干物质含量的青贮料也是划算的。切记最重要的是提高配合日粮的营养浓度。如果牧场自己制作玉米青贮，则应注意收获、加工的各环节。尤其是玉米的收割期、切割长度对其质量影响很大。应在蜡熟期收割，具体为：① 玉米须发黑发干；② 株秆下部 4~5 片叶发干；③ 玉米粒的乳线在 1/3~3/4 之间。切割长度为 0.5~1.5 厘米。

总之，不管采购何种饲料原料，都要严把质量关，明确所需产品的量，掌握原料的质量指标，对于青贮料等水分含量高的饲料，尤其要注意霉变等情况。

（二）饲料使用的方式

一种方式为自配料（以 5% 的预混料为基础料自己加工），然后 TMR 方式饲喂。此外，还可以采用饲料厂提供的全价精料补充料，然后 TMR 方式饲喂。两种方法各有利弊。建议使用自配料，向奶业发达国家以色列学习。因为牛为草食动物，粗饲料品质非常重要。牛的营养需求也比较容易满足，比如美国 NRC 标准高产奶牛（单产 11 000 千克）粗蛋白质给量要达到 17%~18%（如果满足两个限制性氨基酸需要量，可以降至 16.5%），干物质给量要达到 23.6~25 千克。对于国内绝大多数牛场而言，蛋白质给量没有问题，重要的是干物质给量没有达到标准（冬季约 26 千克）。往往是日粮配方中干物质量足够，但奶牛摄入的量不足，浪费较多。因此，重点是在饲喂管理上，而不是日粮配方本身。更重要的是从牛场的成本考虑，自配料更经济。比如，某奶牛自配料精料配方为玉米 60%、棉粕 20%、豆粕 8%、麸皮

5%、预混料5%、盐1%、小苏打1%，其成本为2.42元/千克，而市场全价料成本为3元/千克，按每天5000千克用量计算，自配料成本较市场料相差2900元，每月可节约成本近9万元，每年即108万元。而且在TMR机械帮助下，自配料更加便利，一些原料（棉粕、豆粕、麸皮、盐、小苏打）可以直接投入搅拌，不必通过精料配比重复添加。

（三）配方设计时应注意事项

① 原则是以最低的生产成本获得最佳营养需求。最便宜的日粮并不是最好的，因为它可能对奶牛生产性能产生负面影响。而使用高成本日粮虽然可以获得高产，但每千克牛奶成本却较高。

② 重点在营养实质（如有效能和有效氨基酸的量），而表观指标（如粗蛋白质、总磷含量）比较容易满足，可以忽略。高产奶牛的干物质采食量应占体重的4%~5%。特别是为提高高产奶牛群的产奶量，应首先考虑两种限制性氨基酸——赖氨酸和蛋氨酸的占比。赖氨酸占日粮代谢蛋白质比例应在7.2%左右，蛋氨酸为2.4%。

③ 为保证奶牛采食量和消化率，日粮中性洗涤纤维应保持在28%~36%（以干物质为基础），酸性洗涤纤维应维持在19%~24%。高产牛应尽量保持较低的水平，以保证采食量和消化率。评定选择粗饲料时可采用以下公式，即粗饲料的相对价值 $RFV=(DMI \times DDM)/1.29$。式中，$DMI=80/NDF$，$DDM=88.9-(0.779 \times ADF)$。

RFV是美国目前唯一广泛使用的粗饲料品质综合评定指数。其中：DMI为粗饲料干物质随意采食量，单位为%BW；DDM为可消化干物质，单位为%DM。1.29是基于大量动物试验数据所预测的盛花期苜蓿DDM的采食量，单位为%BW；除以1.29，目的是使粗饲料RFV值为100。

④ 高温季节宜采用高能量、低蛋白质、高氨基酸、高维生素和高矿物质的日粮结构。冬季要在高温季节的基础上增加10%。

⑤ 由于受瘤胃容积的限制，高产牛要继续获得高产就必须提高日粮中泌乳净能浓度。

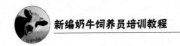

二、投喂日粮

对投喂日粮进行管控的目的是在称重、投料过程中尽量减少误差，并搅拌均匀。

（一）饲喂体系的变化

1. 单独饲喂体系

其优点是根据个体需要进行饲喂，缺点是劳动力成本高。如果管理得当仍然会带来效益。目前，国外有单独饲喂设备并逐渐推广。

2. 精粗饲料分开饲喂体系

采用畜栏或拴系饲喂，而且粗饲料和精饲料分开。先提供粗饲料，然后根据个体牛的产奶量、年龄和体况将所配精饲料撒在粗饲料上饲喂。缺点是牛会挑食上层的精料，劳动力成本高。

3. 分群饲喂体系

用 TMR 机械将日粮混合搅拌后投送至牛槽，24 小时自由采食，自由饮水。其缺点是：小规模分群饲喂不实际；分群不当或管理不善容易引起牛群个体过度采食，导致肥胖和其他相关健康问题，如难产、繁殖率低、生产性能下降等。而且，很多情况下该体系的缺点需要较长时间的细致观察才会显现出来，因此需科学细致的管理控制。

（二）饲喂 TMR 的管控

1. TMR 饲喂在牛场常遇到的现象与问题

TMR 饲喂在牛场常遇到的问题有以下几点：同一配方的两批日粮，出现不同颜色；同一车料，前后投喂的差异明显；同批日粮发两个牛舍，一个牛舍不够吃，一个牛舍剩很多。

2. 管控策略

（1）建立 TMR 饲喂规范管理制度（时间、次数等）

（2）称重监控（软件、设备）　先进的无线智能技术可实现从电脑配方到铲车到 TMR 搅拌车的精准化配料管理无缝连接，清晰的指令能够使操作工人便捷地了解操作步骤。

（3）监测　观察混合料外观及精粗饲料是否混合均匀。配制好的 TMR 饲料应松散不分离，色泽均匀，新鲜不发热，无异味，不结块。用滨州日粮颗粒分离筛监测日粮的颗粒度范围，其范围应该控制在上层筛 10%~15%，中层筛 30%~50%，底层筛 40%~60%。利用微波炉测水分，水分含量要保持在 45%~55%。

三、采食日粮

将加工好的 TMR 投喂给奶牛后，还应加强饲养管理，确保奶牛采食到新鲜、安全、足够的 TMR，需注意以下几点。

奶牛分群不宜过勤，15~20 天分群 1 次为宜；尽量选择晚上分群，以减少应激、争斗等；饲养密度不宜超过颈夹量的 85%；加强推料，特别是在投料 2~3 小时后须进行推料，促使奶牛尽量采食；及时清槽，否则不新鲜的剩料会影响适口性。捡拾、清理不安全物件，如塑料、尼龙、石头、铁器等，以防止损伤奶牛消化道。评价奶牛挑食情况和剩料情况，评定日粮和牛群是否相互适应（表 3-14）。

表 3-14　饲槽评分（投喂前 1 小时）

评分	内容
0	饲槽中无饲料（需增加喂量 5%）
1	大部分饲槽缺乏饲料（需增喂 2.3%）
2	饲槽有小于 2.5 厘米厚的饲料，量占 5%~10%（无需改变）
3	饲槽有 5~7.5 厘米厚的饲料（调查原因并调整）
4	饲槽有大于 50% 的饲料（调查原因并调整）
5	饲料最终无采食（调查原因并调整）

如果投放量不足，切忌增加单一饲料品种，要增加全混合日粮给量。

四、消化日粮

（一）观察奶牛反刍

奶牛摄入所需日粮后并不意味着"饲喂"这项工作结束，还要通过观察反刍、粪便评分等措施对日粮的消化吸收情况进行评价，以更好地指导日粮配合。奶牛采食后通常 0.5~1.0 小时开始反刍，每天反刍 6~10 次，每次持续 30~50 分钟，共耗时 7 小时左右。每口饲料反刍咀嚼 40~60 次，通常非采食的牛有 60% 以上在反刍。如果低于此值，首先怀疑奶牛是否出现消化问题或患病（如酸中毒）；也可能是 TMR 中精料比例过高（高产牛不宜超过 60%）或粗饲料切得过短的缘故。

（二）对奶牛粪便进行评分

评分标准见表 3–15。

表 3–15　奶牛粪便评分标准

级别	形态描述	原因
1	粪很干，呈粪球形状，超过 7.5 厘米高	日粮基本以低质粗饲料为主
2	粪干，厚度大于 5.0~7.5 厘米，半成型的圆片状	食入质量低的饲料，纤维含量高，精饲料量低或蛋白质缺乏
3	粪呈较细的扁状，中间有较小的凹陷，厚度在 2.0~5.0 厘米	日粮精粗比合适
4	粪软，没有固定形状，能流动，厚度小于 2.0 厘米，周围有散点	缺乏有效 NDF，精饲料、青贮和多汁饲料喂量大
5	粪很稀，像豌豆汤，呈弧形下落	食入过多蛋白质、青贮、淀粉、矿物质或缺乏有效 NDF

（三）粪便分层分析（粪便分离筛）

分层标准为：一层 <10%；二层 <20%；三层 >70%。通过分层评价消化情况，可进一步反馈日粮配方是否合理。通常一层在 10%~20% 之间，若大于 20%，说明有效纤维过高，谷物饲料加工不恰当，谷物饲料过量或 TMR 水分过高。通过分层评价还可以发现某一种原料消化异常情况，反馈配方日粮的问题。

奶牛精准饲喂管控就是尽量使"四粮"（"配方日粮""投喂日粮""采食日粮""消化日粮"）高度统一，减少误差。可以借助配方知识（软件）、宾州分离筛、微波炉＋电子秤、粪便分离筛及剩料评分、反刍情况评价和配套的管理制度、奖罚制度等一系列工具及措施，最大限度地满足奶牛营养需求。

技能训练

饲料青贮操作技术

【**目的要求**】通过实习，要求学生掌握青贮饲料的调制方法。

【**训练条件**】

1. 青玉米种植地、收割及运输工具。

2. 青贮窖、收割机及封窖用具等。

【**操作方法**】

1. 在地下水位低、干燥、土质坚硬的地方，于青贮饲料调制前一周，组织学生选择地势较高、干燥、距畜舍较近、取用方便的地方，挖一个长形窖，四角修成圆形，窖内壁略倾斜而光滑。

2. 组织学员在玉米乳熟期收割，运至青贮场地。

3. 利用切割机将青玉米切碎，其长度为 2~3 厘米。

4. 青贮原料随切碎随装填。装填前，先在窖底铺一层 20~30 厘米厚的麦秸或其他秸秆，窖壁铺一层塑料薄膜。装填时，要随装随压实，尤其要注意窖的周边和四角要压实。尽量把空气排出。

5. 当青贮原料装填至高出窖沿 50~60 厘米时，在原料上先铺塑料薄膜，再盖一层 20~30 厘米厚的麦秸或其他秸秆，并压上 0.5 米左右厚的湿土，踩实，修成鱼背状，盖土的边缘要超过出窖口四周。

6. 封窖后，在距窖四周约 1 米处，开挖排水沟，并在 1 周内组织学员经常检查。若发现封土裂隙、下陷等现象，应及时加土踩实，30~40 天后即可开窖饲喂。

【**考核标准**】

1. 青贮饲料制作操作过程熟练。

2. 原料切碎、装填、压实、封盖操作规范。

思考与练习

1. 奶牛的主要粗饲料和精饲料有何特性？

2. 怎样制作青干草？如何贮藏？

3. 怎样进行青贮饲料的加工？如何评定质量？

4. 奶牛需要哪些营养物质？如何确定需要量？

5. 如何用好 TMR 日粮饲养技术？

第四章 奶牛各阶段的饲养管理

知识目标

1. 了解犊牛的消化生理特点，掌握犊牛初乳期、常乳期管理的重点，理解早期断奶对犊牛生长发育的影响。

2. 把握育成牛的饲养管理要点。

3. 理解泌乳母牛的泌乳规律，掌握成年母牛各阶段饲养管理的重点。

技能要求

1. 学会犊牛早期断奶方案的制定。

2. 正确给奶牛护蹄和修蹄。

第一节 犊牛的饲养管理

一、犊牛的消化生理特点

（一）犊牛的消化道结构

刚出生的犊牛消化系统还没有发育完善，消化系统功能和单胃动物一样，真胃是犊牛唯一发育完全并具有功能的胃。出生后几天内犊牛仅能食用初乳和牛奶。

犊牛的食管沟（又称网胃沟）将食道和瓣胃口直接相连从而使食道直接与真胃相通。食管沟由两片肌肉组织构成，当这两片肌肉收缩时可形成类似食道样的管道结构。

食管沟对各种刺激反应不同，许多因素（如牛奶的温度、犊牛吸吮或喝进牛奶以及牛奶质量）可以影响食管沟的封闭状态。在封闭完全的情况下，食管沟可使牛奶完全避过瘤胃直接进入真胃。初生犊牛的瘤胃很小且柔软无力，仅占 4 个胃总容积的 30%~35%。而皱胃却很发达，占胃总容积的 50%~60%，与成年反刍动物有着较大的区别。

（二）犊牛的消化特点

犊牛在吮奶时，体内产生一种自然的神经反射作用，使前胃的食管沟卷合，形成管状结构，避免牛奶流入瘤胃，使牛奶经过食管沟直接进入瓣胃以后进行消化。犊牛 3 周龄时开始尝试咀嚼干草、谷物和青贮饲料，瘤胃内的微生物体系开始形成，内壁的乳头状突起逐渐发育，瘤胃和网胃开始增大。由于微生物对饲料的发酵作用，促进瘤胃发育。随着瘤胃的发育，犊牛对非奶饲料，包括对各种粗饲料的消化能力逐渐增强，才能和成年牛一样具有反刍动物的消化功能。所以，犊牛出生后头 3 周，其主要消化功能是由皱胃（其功能相当于单胃动物的胃）行使，这时还不能把犊牛看成反刍家畜。在此阶段，犊牛的饲养与猪等单胃动物十分相似。

犊牛哺乳期生长速度快，但对周围环境适应能力较弱，易受外界环境影响而死亡。据统计，犊牛的总死亡头数中差不多有 50% 是在出生后 10 天内死亡的。犊牛经常发生腹泻、肺部感染，严重影响其生长。造成犊牛腹泻、肺部感染的原因很多，最主要的是营养非标准化以及管理上的失误。

二、犊牛的出生管理

（一）犊牛的接生

母牛分娩时，应先检查胎位是否正常，遇到难产及时助产。胎位正常时尽量让其自由产出，不强行拖拉。犊牛出生后应立即清除口鼻黏液，尽快使小牛呼吸，并轻压肺部，以防黏液进入气管。

（二）脐带消毒

在离犊牛腹部约 10 厘米处握紧脐带，用大拇指和食指用力揉搓脐带 1~2 分钟，然后用消毒的剪刀在经揉搓部位远离腹部的一侧把脐带剪断，无需包扎或结扎，用 5％ 的碘酒浸泡脐带断口 1~2 分钟。

（三）母、犊隔离与哺食初乳

犊牛身上其他部位的胎液最好让母牛舔干净。应尽快与母牛隔离，以免认犊，不利于挤奶。母牛迅速挤奶，让犊牛吃初乳。

三、犊牛初乳期的饲养管理

（一）初乳的重要性

犊牛初生后，生活环境发生了大的转变，此时犊牛的组织器官尚未发育完全，对外界环境的适应能力很差。加之胃肠空虚，缺乏分泌反射，蛋白酶和凝乳酶也不活跃，真胃和肠壁上无黏液，易被病原微生物穿过侵入血液，引起疾病。此外出生犊牛的皮肤保护机能差，神经系统尚不健全，易受外界因素影响引起疾病甚至死亡。要降低犊牛的死亡率，培养健康犊牛，就必须重视让犊牛早吃并吃好初乳。

母牛分娩一周内所分泌的乳汁为初乳，它具有特殊的生物学特性，是新生犊牛不可缺少的食物。初乳首先是有代替胃肠壁上黏液的作用，覆盖在胃肠壁上，能阻止病原微生物的入侵。同时初乳的酸度较高，可使胃液变成酸性，不利于病原微生物的繁殖。初乳中还含有溶菌酶和抗体蛋白质，有提高抵抗力之作用。从营养角度看，初乳的营养成分特别丰富，与常乳比较，干物质总量多一倍以上，蛋白质多 4~5 倍，乳脂多 1 倍左右，维生素 A、维生素 D 多 10 倍。初乳中还含有较多的镁盐，有轻泻的作用，有利于排除体内的胎便。初乳对初生犊牛的成活率至关重要。

但是，初乳中的营养物质、抗体和酸度是逐日发生变化的，一般 6~8 天后就接近常乳的特性和成分。而且，由于犊牛肠道生理特点，随着时间增加，对初乳中的抗体吸收率迅速下降。因此，应尽早让犊牛吃上、吃足初乳，一般再生后 30~60 分钟，当犊牛能站立时，即可饲喂初乳。

（二）母牛产犊后无奶（乳汁不足）的办法

母牛产犊后无奶（乳汁不足）时，可请兽医治疗，并给以催乳药物。但最迫切的是尽快解决犊牛吃初乳的问题。

一种方法是用同时期产犊的其他母牛的初乳喂给；另一种补救办法是用健康母牛的全血100毫升皮下注射于初生犊牛，这样可以激活犊牛体内产生免疫球蛋白的机制，使其增强对疫病的抵抗能力。此外还可以配制人工初乳，方法是：用新鲜鸡蛋2~3个，鱼肝油9~10克，加入煮沸后并冷却至40~50℃的水中，搅拌均匀（或加入0.75千克牛奶中并搅匀，加热至38℃，效果更佳）。在犊牛初生7日内，按犊牛体重每千克喂给8~10毫升，每日7~9次，每次15分钟左右。无母乳吃的犊牛经上述方法处理7日后，可以喂以其他母牛的常乳至断奶。

（三）新生犊牛期的饲养方法

其大致有两种。一种是出生后的犊牛立即与母牛分开人工哺喂初乳；另一种是犊牛生后留在母牛身边（或隔栏内）共同生活3~4天，自行吸吮母乳。前者虽然用的人力多些，但是犊牛的初乳量可以人工控制，定量能严格把握。后者虽能节约劳力，畜主不必时刻惦记犊牛，但对犊牛能否及时吃上初乳没有十分把握。据检测，后者犊牛血中免疫球蛋白的浓度比人工哺乳者低。另外，犊牛吃奶时的动作容易引起乳房事故，在母牛习惯于犊牛吸吮后再人工挤奶就十分不方便。因此，西门塔尔杂交牛宜采用人工哺乳。

（四）初乳喂量与贮存

1. 人工饲喂初乳的量

一般是按犊牛出生重的1/10来掌握，第一次喂给2千克（要参照犊牛出生重的大小与生活力的旺盛情况，灵活掌握）。以后每天5~7次，每次1.5千克，一般喂到第5天。

2. 多余初乳的应用

母牛产后6天左右的初乳是不能做商品奶出售的，而累计的分泌量在80~120千克，犊牛只能消耗40%左右。多余的初乳可做如下处理：一是把初乳（冷藏）作为没有初乳的母牛所生的犊牛用奶；二是当做常乳使用，由于初乳营养浓度是常乳1.5倍，为防止犊牛下痢，喂时可兑入适量温水；三是把初乳发酵后喂牛。当产犊集中、多余初乳量大时可进行发酵贮存，陆续喂牛。

3. 初乳发酵及饲喂的方法

母牛产犊后 6 天左右所生产的初乳，初生牛犊食用不完，可以贮藏起来，经过发酵以后延长保存时间，以后每天给犊牛一定量的发酵乳，以节约常乳。

（1）发酵方法　初乳用纱布过滤，加温至 70~80℃，维持 5~10 分钟，装入洁净干燥的奶桶加盖冷却至 40℃，然后倒入经消毒处理的发酵罐或塑料桶内，再按照初乳量的 5%~8%（天热用少、天冷多用）加入发酵剂或市售酸奶，混匀，加盖，在无阳光直射的房内放置 3~5 天，待乳汁呈半凝固状态时即可饲用。

制作时温度不可过高，否则会破坏一些营养物质，过低又达不到消毒的效果。初乳发酵属于乳酸发酵法，好的发酵乳呈淡黄白色，带有酸甜芳香味。若呈灰色、黑色，有腐败酸味或霉味，说明受到了杂菌污染、已变质，切不可喂养犊牛。

（2）饲喂方法　一是要控制数量，因发酵初乳中干物质、蛋白质和脂肪含量较高，每日用量应低于 3.6 千克，并按 1∶1 的比例用水稀释，以免犊牛消化不良；其次，发酵初乳贮存时间不要超过 2~3 周，否则蛋白质易分解腐败，引起犊牛发病。

（五）初乳期的饲养管理要点

1. 出生后的犊牛应及时喂给初乳

出生后 1 小时以内最好，每天喂 5~7 次，每次 1.5~1.7 千克。保证足够的抗体蛋白质量。

2. 适宜的温度

新生犊牛最适宜的外界温度是 15℃。因此，应给予保温、通风、光照及良好的舍饲条件。

3. 饲喂犊牛过程中一定要做到"四定"

一是定质。喂给犊牛的奶必须是健康牛的奶，忌喂劣质或变质的牛奶，也不要喂患乳房炎牛的奶。二是定量。按体重的 8%~10% 确定。哺乳期为 2 个月时，前 7 天 5 千克，8~20 天 6 千克，31~40 天 5 千克，41~50 天 4.5 千克，51~60 天 3.7 千克，全期喂奶 300 千克。如果哺乳期为 3 个月，全期喂奶 500 千克。三是定时。要固定喂奶时间，严格掌握，不可过早或过晚。四是定温。指饲喂乳汁的温度，一般夏天掌握在34~36℃，冬天36~38℃。

4.如果用奶桶喂初乳时，应人工予以引导

一般是人将干净手指伸在奶中让犊牛吸吮，不论用什么工具喂奶都不得强行灌入，以免灌入肺中。体弱牛或经过助产的牛犊，第一次喂奶大多数反应很弱，饮量很小，应有耐心在短时间内多喂几次，以保证必要的初乳量。

四、常乳期的饲养管理

（一）饲养方法

犊牛出生6天后从哺喂初乳转入常乳阶段，牛也从隔栏放入小圈内群饲，每群10~15头。哺乳牛的常乳期为60~90天（包括初乳阶段），哺乳量一般在300~500千克，日喂奶5~7次，奶量的2/3在前30天或50天内喂完。全期平均日增重670~730克，期末体重170千克。喂奶量500千克的犊牛全期耗精料200多千克，而喂200~350千克奶的犊牛全期耗精料量250~300千克。

哺乳500千克奶量犊牛断奶前饲料配方：玉米49%，豆粕20%，麸皮20%，菜籽粕5%，磷酸钙4%，碳酸钙1%，食盐1%；适量玉米青贮草、优质干草等。

哺乳300千克奶量犊牛断奶前饲料配方：玉米50%，豆饼35%，麸皮9%，菜籽粕3%，磷酸钙1%，碳酸钙1%，食盐1%；适量玉米青贮草、优质干草等。

（二）要尽早补饲精、粗饲料

犊牛生后1周后即可训练采食代乳料。开始每天喂奶后人工向牛嘴及四周涂抹少量精料，引导开食，2周左右开始向草栏内投放优质干草供其自由采食。1个月以后可供给少量块根与青贮饲料。

（三）要供给犊牛充足的饮水

喂给犊牛奶中的水不能满足生理代谢的需要，除了在喂奶后加必要的饮用水外，还应设水槽供水。早期（1~2月龄）要供温水，并且水质也要经过测定。早期断奶的犊牛，需要供应采食干物质量6~7倍的水。

（四）犊牛期应有良好的卫生环境

犊牛的主要疾病（特别是早期）有大肠杆菌与病毒感染性的下痢，多种微生物引起的呼吸道疾病。为了做好犊牛疾病的预防，除及时喂给初乳增强肠道黏膜的保护作用和刺激自身的免疫能力外，还应从其出生日起就该有严格的消毒制度和良好的卫生环境。哺乳用具应该每用1次就清洗、消毒1次。每头犊牛有一个固定奶嘴和毛巾，每次喂完奶后擦净嘴周围的残留奶。犊牛围栏、牛床应定期清洗和消毒，垫料要勤换，保持干燥。冬季寒冷要加铺新垫料。隔离间及犊牛舍的通风要良好，忌贼风，阳光要充足（牛舍的采光面积要合理）。冬季要注意保温，夏季要有降温设施。牛体要经常刷拭，保持一定时间的日光浴。

（五）犊牛期要有一定的运动量

从10~15日龄起，应该有一定面积的活动场地，尤其在3月龄转入大群饲养后，应有意识地引导活动，或适当强行驱赶，如果能放牧则更好。

（六）犊牛要调教，达到"人与畜亲和"

通过调教，使犊牛养成良好的规律性采食反射和呼之即来，赶之即走的温顺性格，以利于育成及育肥期的饲养管理。

（七）控制精料喂量

日常饲养中要坚持犊牛以采食品质中等以上的粗饲料（以干草为主）来满足营养需要，精饲料饲喂量每头每天不超过2千克。

五、常乳期犊牛围栏的应用

犊牛通常都是饲养在隔离间的牛床上或通道式的牛舍中，与母牛相处或相邻。犊牛夏天的下痢、冬天的呼吸道疾病都是交叉感染的结果。如果在犊牛抵抗病原菌感染能力还弱的阶段，切断传染源，使犊牛处于一种无污染、通风良好、保暖防暑的理想环境里，是可以预防感染和提高成活率的。犊牛活动围栏（亦称散放围栏或犊牛岛）是目前符合上述要求、理想的一种牛舍。

（一）犊牛围栏的结构

其由箱式牛舍和围栏两部分组成，可以拆卸与组合，还可随意搬动。箱式牛舍由三面活动墙与舍顶合成，前面与围栏相通，箱体深 2.4 米，宽 1 米，前高 1.2 米，后高 1.1 米（这是平顶，也可以建成屋脊顶），围栏长 1.8 米 × 宽 1 米 × 高 0.8 米。

（二）制造与使用要点

目前国内多使用水泥板或铁板做墙体，瓦楞铁（彩钢）或石棉瓦为顶。这些材料对保温与散热有不足之处，应在瓦楞铁与石棉瓦下面增加隔热层，以防暑期阳光直射造成的辐射热，同时冬季也可保温。水泥板墙体中同样也应添加隔热材料增加保温性能。结构前檐高度（仰角）随当地纬度不同而变化，务使立冬后的阳光射入量达到最大。仰角太大或太小均不利于舍内保温。放置地点的选择应与成年牛舍有一定的有效防疫距离。地势高燥、排水方便，可以成排摆放，也可以错开摆放。夏天放在树阴下，冬季放在背风向阳的地方。推广犊牛围栏这一设施时，应充分认识到它是符合犊牛生理所需的产物。

六、早期断奶和幼犊日粮

（一）早期断奶

按断奶犊牛的年龄大小，可分为早期断奶和较早期断奶两种类型。较早期断奶一般在奶牛上使用，断奶时间为 4~8 周。如 4 周龄断奶，犊牛哺乳期 1 个月，在初乳期之后至 20 日龄，犊牛每天喂奶 4 千克；21~30 日龄，每天减少为 2 千克，不足部分用代乳料补充；1 个月之后改喂犊牛料。早期断奶一般指犊牛在 2~3 月龄断奶。对于肉用母牛来说，大多数母牛在泌乳 2~3 个月后，泌乳量已开始下降，而犊牛的营养需要却在增加。因此，就应在较早期补给犊牛草料供其采食，而此时由于犊牛对草料已具备了相当的采食量和消化能力，因而断奶也较容易。

犊牛 2~3 月龄断奶时，已基本习惯了采食干草和精料日粮，但此时瘤胃并未发育完全，同时为保证采食的饲料能满足犊牛的生长发育所需，要求幼犊日粮精、粗饲料的配比必须合理。一般要求精、粗饲料的比例为 1∶1。粗饲料最好喂给优质干草、青草和青贮玉米。随着年龄增大，4 月龄后可逐渐添加秸秆饲料，一般到 9 月龄时，秸秆饲料的喂量可占全部粗饲料的 1/3。

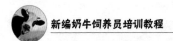

（二）断奶后的犊牛日粮

断奶初期犊牛的生长速度不如哺乳期。只要日增重保持在 0.6~0.8 千克的范围内，这种轻微的生长发育受阻在育成期较高的饲养水平条件下可完全补偿。研究表明：过多的哺乳量、过长的哺乳期、过高的营养水平和过量的采食，虽然可使犊牛增重较快，但对牛的消化器官、内脏器官以及繁殖性能都有不利影响，而且还影响牛的体型及成年后的生产性能。因此，在多数情况下，宜采用中等或中等偏上的饲养水平培育种用后备犊牛。以下介绍 3 组犊牛配合精料配方。

1. 4~6 月龄犊牛配合精料配方一

玉米粉 15%、脱壳燕麦粉 34%、麸皮 19.8%、向日葵或亚麻饼粉 20%、饲用酵母 5%、菜籽粕 4%、石粉 1.7%、食盐 0.5%。

2. 4~6 月龄犊牛配合精料配方二

饲饲用燕麦粉 50%、饲用大麦粉 29%、麸皮 6%、亚麻饼粕 5%、苜蓿草粉 5%、饲用酵母 1%、菜籽粕 1%、食盐 1%、磷酸钙 2%。

3. 幼牛配合精料配方

优质苜蓿草粉颗粒料 20%、玉米粉 37%、麸皮 20%、豆粕 10%、糖蜜 10%、磷酸钙 2%、微量元素 1%。

第二节　育成牛的饲养管理

育成牛指断奶后到产犊前的母牛。犊牛断奶后即由犊牛舍转入育成牛群。育成牛培育的任务是保证正常生长发育和适时配种。发育正常、健康体壮的育成牛是提高牛群质量、适时配种、保证奶牛高产的基础。虽然育成牛还未开始产奶、怀孕，也不像犊牛易患疾病，但如果忽视其饲养管理就可能达不到培育的预期要求，影响奶牛终生生产性能的发挥。因此育成牛从体型、产奶及适应性的培育来讲，较犊牛期更为重要。育成牛的营养要求和采食量随年龄不同而变化。育成牛的生长发育很快，但不同组织器官有着不同的生长发育规律。据研究，骨骼的发育 7~8 月龄为中心，12 月龄以后逐渐减慢，此时性器官及第二性征发育很快，体躯向高急剧发展。此时的育成牛除供给优质的干草和多汁饲料外，还必须供给一定的精料。受胎至第一次产犊生长缓慢下来，体躯显著向宽、深发展，日粮应以品质优良的干草、青草、青贮料和根茎类为主，喂给适量的精料。

一、育成牛的饲养

（一）断奶至 12 月龄

这是生长速度最快的时期，尤其在 6~9 月龄时更是如此。性器官和第二性征的发育很快，体躯向高度和长度方面急剧生长。前胃虽已相当发达，具有相当的容积和消化青饲料的能力，但还保证不了采食足够的青饲料来满足此期快速发育的营养需要。同时，消化器官本身也处于强烈的生长发育阶段，需要继续锻炼。因此，为了兼顾育成牛生长发育的营养需要和促进消化器官的生长发育，此期供给优良的青粗料和青干草，还必须适当补充一些精料。一般来说，日粮中干物质的 75% 应来源于青粗饲料或青干草，另外 25% 来源于精饲料。

（二）周岁至初配

此阶段育成牛消化器官容积增大，消化能力增强，生长渐渐进入递减阶段，消化器官的发育已接近成熟，无妊娠负担，更无产奶负担，若能吃到优质青粗饲料或青干草基本就能满足营养需要。此期日粮应以粗饲料为主，不仅能够满足营养需要，而且还能促进消化器官的进一步生长发育。

（三）受胎至第一次产犊

青年母牛配种妊娠后，生长速度缓慢下降，体躯向宽、深方向发展。在这一阶段的前期仍按第二阶段方法饲养，但要注意多样化、全价性。对妊娠 180~220 天的育成牛必须明确标记、重点饲养，有条件的单独组群饲养，每天补饲精料 3 千克。在分娩前 2 个月进入干奶群饲养，由于体内胎儿生长迅速，同时乳腺迅速发育，准备泌乳，需要增加营养，每日精料饲喂为 3 千克，同时应补喂维生素 A、维生素 D、维生素 E 和亚硒酸钠。

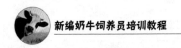

二、育成牛的管理

（一）分群

育成牛根据月龄进行分群，同时还受到牛舍条件的限制。在生产实际中一般以 3 月龄进行分解组群，这样尽管营养需要差别较大，但避免了频繁转群应激对生长发育的影响。

（二）加强运动和刷拭

在舍饲条件下，育成牛每天应至少有 2 小时的运动，一般采取自由运动，必要时，才进行驱赶运动。为了保持牛体清洁，促进皮肤代谢和养成温驯的气质，每天应刷拭 1~2 次，每次 5~10 分钟。

（三）育成牛的初次配种

育成母牛的配种年龄依据发育情况而定，传统的饲喂方式通常在 16~18 月龄，体重达到成年牛的 70% 或 370 千克时开始配种。近年来不断改善育成牛的饲养条件和管理水平，初配月龄提前到 14 月龄，甚至 13 月龄，大大提高了终生产奶量，经济效益显著增加。

（四）受孕后的管理

初次怀孕的母牛需要耐心管理，经常刷拭和按摩，使之养成温驯的习性。如需修蹄应在妊娠 5~6 个月前进行。保持运动量，以增强食欲，促进健康，利于将来的产犊及产后的康复。妊娠 5 个月前，每天 1 次，每次 3~5 分钟进行乳房按摩。妊娠 5 个月以后每天 2 次，每次 3~5 分钟按摩乳房，以促进乳腺发育，为产后挤乳打下基础，至产前半个月，停止乳房按摩。

第三节　成年母牛的饲养管理

饲养成年母牛的主要任务：一是生产大量的无公害优质生鲜牛奶；二是为哺育犊牛提供主要营养；三是繁殖更多的后代。为了提高泌乳牛的产奶量和改善牛奶品质，以及提高繁殖率，必须了解奶牛在不同泌乳期的生理变化，影响泌乳量、牛奶品质和繁殖的有关因素，并针对其生理变化和营养需要实行科学的饲养管理。

一、奶牛生产周期的划分

根据我国专业标准《高产奶牛饲养管理规范》规定：将一个生产周期划分为围产期、泌乳盛期、泌乳中期、泌乳后期、干奶期等5个阶段，将产前3周与产后3周划分为围产前期和围产后期。泌乳盛期是指母牛产后第4周至第17周，此期的日平均产奶量是最高值的80%以上。泌乳中期是指母牛产后第18周至第30周，此期的日平均产奶量为最高值时的60%左右。从30周以后到干奶以前的时间称为泌乳后期。干奶期是指停止挤奶到分娩前3周的一段时间。干奶期至少需要5周时间。

二、奶牛在不同泌乳期的生理变化

（一）产后到泌乳盛期的生理变化

从产后第1周至第17周，此时母牛的生理变化很大。

① 母牛产后1~2天身体疲倦，胃肠空虚，时常感到饥饿。以后，食欲逐渐旺盛，但消化功能很弱。乳房水肿，乳腺及循环系统的功能活动均未恢复正常。

②分娩后数天，生殖器官开始复原。子宫内恶露一般在10~13天排净。阴道和阴户、骨盆和韧带，在分娩后4~5天恢复原状。乳房水肿一般在分娩后15~20天消失，进入泌乳盛期。

③ 母牛分娩后孕酮水平突然下降，催乳激素迅速释放。

④ 流经乳腺的血液大量增加，以保证供应足够的生乳原料。

⑤ 能量代谢强度要比干乳期增大1倍。

（二）泌乳中期的生理变化

① 泌乳中期催乳激素的作用和代谢功能逐渐减弱，产奶量也随之下降。

② 泌乳中期已怀孕的母牛胎儿发育较慢。

（三）泌乳后期的生理变化

① 泌乳后期胎儿发育加快。

② 妊娠黄体的作用日益增加，催乳激素作用减弱，泌乳量显著下降。

（四）干奶期的生理变化

干奶期是指产奶停止，机体处于恢复期。成年母牛经过一个泌乳期，机体各组织器官及体质等均受到严重损失。特别是高产牛在泌乳盛期，因营养常处于负平衡状态，长期得不到补偿，而影响其健康。为了保障下一个泌乳期的正常泌乳，需要停奶，让机体进行休整和恢复。这一时期胎儿的生长发育速度很快，特别是牛临产前 45 天左右，胎儿日增重达 400~550 克。

三、成年母牛的一般泌乳规律

（一）不同年龄和胎次的奶牛泌乳规律

母牛的产奶量随年龄和胎次的变化而不同。产第一胎的母牛，由于自身仍处于生长发育阶段，泌乳能力尚弱，所以产奶量偏低，一般相当于产奶高峰胎次产奶量的 80% 左右。随着年龄的增长，胎次产奶量和乳脂量也开始上升。在合理饲养和正确管理条件下，一般 3~4 胎次（5~6 岁）时出现产奶高峰。8 岁以后，由于机体逐渐衰老，产奶量渐趋下降。

（二）成年母牛在不同泌乳月的泌乳规律

母牛在同一泌乳期内，不同泌乳月的产奶量，常随其品种、个体、年龄和健康状况，以及饲养条件的不同而异。一般情况下，荷斯坦奶牛产犊后第一天的产奶量低于其最高日产量的 45%。产后 3~4 天，产奶量为 45% 左右；产后 20~21 天，产奶量可迅速达到 80%；产后48~50 天，产奶量达到最大值，维持 2~4 天后开始有一定幅度的降低；到 116 天后，产奶量回落到 80%。以后平稳下降，至 190 天时，产奶量只有 65%；到 260 天时，产奶量平均降低至 45%。

四、围产期奶牛的饲养管理

围产期也叫泌乳初期，是指奶牛从产犊开始直到产后 10~15 天的时期。这一时期母牛因胎儿代谢产物的不良影响逐渐消逝，乳腺和循环系统机能尚不正常，乳房还水肿，消化机能减退，子宫未恢复，恶露未排尽。由于开始泌乳，体内钙丢失量大。在整个泌乳初期内干物质进食量因食欲未完全恢复而比泌乳后期还低 15% 左右。在此期间，一般母牛体重会减少 35~50 千克，平均每日减少 0.5~0.7 千克，个别情况下，平均每日可减少 2~2.5 千克。

（一）奶牛围产期的生理特点

围产期的奶牛食欲尚未恢复正常；体虚力乏，消化机能减弱；牛乳房呈明显的生理性水肿，生殖道尚未复原，时而排出恶露；乳腺及循环系统的机能还不正常，体内能量代谢处于负平衡状态。

因此，这一阶段饲养管理的目的是促进母牛体质尽快恢复，为泌乳盛期打下良好的体质基础，不宜过快追求增产。

（二）围产期的饲养技术要点

1. 日粮与饲喂

（1）精料　产后日粮应立即改喂阳离子型高钙日粮（钙占日粮干物质的 0.7%~1%），从第二天开始逐步增加精料，分娩 2~3 天开始每日饲喂 1.8 千克精料。以后每天增加 0.3 千克精料，在加料过程中要密切注视奶牛的食欲和消化机能来确定增加量，在此期间精料给量不应超过 10 千克，等到消化变好，恶露排出和乳房软化后再加料。乳房肿胀严重的奶牛应该控制食盐的喂量。

（2）粗料　产后 2~3 天内以供给优质牧草为主，让牛自由采食，最低饲喂量 3 千克/头·日。不喂多汁、青贮和糟粕类饲料，以免加重乳房水肿。3~4 天后逐渐增加青贮饲料喂量。精粗料比例为 2∶3，以保证瘤胃正常发酵，避免瘤胃酸中毒，真胃变位以及乳脂下降。如果母牛产后乳房不水肿，食欲正常，体质健康，产后第一天就可投给一定量的精料和多汁料，5 天后即可按饲养标准组织日粮。为预防母牛因产奶钙丢失过大，造成产后瘫痪，日粮中钙量应达到 0.6% 以上，每天日粮干物质的进食量占体重的 2.5%~3%，每千克日粮干物质含 2.3~2.5 NND，含粗蛋白质 18%~19%，钙 0.7%~1%，磷 0.5%~0.7%，粗纤维大于 15%。推荐配方：玉米 50%，麸皮 9%，豆粕 25%，棉粕 5%，DDGS 5%，预混料 5%，盐 1%。粗饲料按上述原则灵活掌握，另外更换饲料应逐渐进行。

2. 饮水

奶牛产犊后，会过度失水，要立即喂给温热、充足的麸皮粥，麸皮粥的配制比例为 10 千克水 +1 千克麸皮 +30 克食盐，可起到暖腹、充饥及增加腹压的作用，有利于体况恢复和胎衣排出。对高产奶牛，为促进子宫恢复和恶露排出可饮红糖水，配制比例为 10 千克水 +1 千克红糖。切忌饮用冷水，以免引起胃肠炎，适宜的水温为 37~38℃，一周后可降至常温，为促进食欲，要尽量多饮水。

（三）管理要点

1. 环境要求

母牛分娩后要自由运动。牛床多铺、勤换垫草，牛舍、牛床要保持清洁卫生。牛舍内不能有"贼风"，且要保证牛舍冬暖夏凉。

2. 挤奶

奶牛产后 0.5~1 小时，即应开始挤奶（提前挤奶有助于产后胎衣的排出）。挤奶前，要对乳房进行清洗、热敷和按摩，最后用 0.1%~0.2% 的高锰酸钾溶液药浴乳房。一般第 1~2 把挤出的奶应予废弃（因细菌数含量高）。产后初乳不能马上挤净，一般分娩后第一天每次挤 2.5 千克左右，够犊牛饮用即可；第二天约挤泌乳量的 1/2；第三天挤 2/3；第四天挤 3/4 或全部挤净。初乳不马上挤净的作用是使乳房保持一定压力，可促进乳腺发育，还可预防母牛产后钙丢失量过大，出现产后瘫痪。

3. 乳房护理

分娩后乳房水肿严重，在每次挤奶时都应加强热敷和按摩，并适当增加挤奶次数，每天挤奶 4 次以上。这样能促进乳房水肿更快消失。如果乳房消肿较慢，可用 40% 硫酸镁温水洗涤并按摩乳房，以加快水肿消失。

4. 胎衣检测

分娩后，要仔细观察胎衣排出情况。一般分娩后 4~8 小时胎衣即可自行脱落，脱落后应立即移走，以防奶牛吃掉，引起瓣胃阻塞。如果分娩后 12 小时胎衣仍未排出或排出不完整，则为胎衣不下，需请兽医处理。

5. 消毒

产后 4~5 天内，每天消毒后躯一次，重点是臀部、尾根和外阴部，要将恶露彻底洗净。如有恶露闭塞现象，应及时处理。以防发生产后败血症或子宫炎等生殖道感染疾病。

6. 日常观测

奶牛分娩后，要注意观察阴门、乳房、乳头等部位是否有损伤，以及有无瘫痪等疾病发生征兆。每天测 1~2 次体温，若有升高要及时查明原因，同时要详细记录奶牛在分娩过程中是否出现难产、助产、胎衣排出情况、恶露排出情况以及分娩时奶牛的体况等资料。

一般母牛在产后半个月左右，身体即能康复，食欲旺盛，消化正常，乳房消肿，恶露排尽。此时，可调出产房转入大群饲养。

五、泌乳盛期的饲养管理

此期系指母牛分娩 15 天以后，到泌乳高峰期结束。一般指产后 16~100 天的时间。

泌乳盛期的饲养管理至关重要，因涉及整个泌乳期的产奶量和牛体健康。其目的是从饲养上引导产奶量上升，不但奶量升得快，而且泌乳高峰期要长而稳定，力求最大限度地发挥泌乳潜力。

（一）生理特点

泌乳盛期是奶牛产奶量上升、体重下降，饲养难度最大的阶段。因为此时泌乳处于高峰期，而母牛的采食量并未达到最高峰期，因而造成营养入不敷出，处于负平衡状态，易导致母牛体重骤减。据报道，此时消耗的体脂肪可供产奶 1 000 千克以上。如动用体内过多的脂肪供泌乳需要，在糖不足和糖代谢障碍的情况下，脂肪氧化不完全，则导致酮病暴发。表现食欲减退，产奶量猛降，如不及时处理治疗，对牛体损害极大。

（二）主要的饲养方法

1. 预付饲养法

母牛产后随着体质的康复，产奶量逐日增加，为了发挥其最大的泌乳潜力，一般可在产后 15 天左右开始采用"预付"的饲养方法。

饲料"预付"是指根据产奶量按饲养标准给予饲料外，再另外多给 1~2 千克精料，以满足其产奶量继续提高的需要。在升乳期加喂"预付"饲料以后，母牛产奶量也随之增加。如果在 10 天之内产奶量增加了，还必须继续"预付"，直到产奶量不再增加，才停止"预付"。

2. 引导饲养法

目前，在过去"预付"饲养的基础上，又有了新的研究进展，即发展成为"引导饲养法"。实行"引导饲养法"应从围产前期即分娩前2周开始，直到产犊后泌乳达到最高峰时，喂给高能量的日粮，以减少酮血症的发病率，有助于维持体重和提高产奶量。原则是在符合科学的饲养条件下，尽可能多喂精料，少喂粗料。即自产犊前2周开始，一天约喂给1.8千克精料，以后每天增加0.45千克，直到母牛每100千克体重吃到1.0~1.5千克精料为止。母牛产犊后仍继续按每天0.45千克增加精料，直到泌乳达到高峰。待泌乳高峰期过去，便按产奶量、乳脂率、体重等调整精料喂量。在整个"引导饲养期"，必须保证提供优质饲草，任其自由采食，并给予充足的饮水，以减少母牛消化系统疾病。采用"引导饲养法"，可使多数母牛出现新的产乳高峰，且增产的趋势可持续整个泌乳期，因而能提高全泌乳期的产奶量。但对患隐性乳房炎者不适用或经治疗后慎用。

（三）饲养要点

1. 高能量饲料

在泌乳盛期必须饲喂高能量的饲料，如玉米、糖蜜等，并使奶牛保持良好的食欲，尽量多采食干物质，多饲喂精饲料，但也不是无限量地饲喂。一般认为精料的喂量以不超过15千克为妥，精料占日量总干物质65%时，易引发瘤胃酸中毒、消化障碍、第四胃移位、卵巢机能不全、不发情等。此时，应在日粮中添加小苏打100~150克，氧化锰50克，拌入精料中喂给，可对瘤胃的pH值起缓冲作用。为弥补能量的不足，避免精料使用过多的弊病，可以采用添加动植物油脂的方法。例如可添加3%~5%保护性脂肪，使之过瘤胃到小肠中消化吸收，以防日粮能量不足，而动用体脂过多，使血液积聚酮体造成酸中毒。

2. 充足的蛋白质

为使泌乳盛期母牛能充分泌乳，除了必须满足其对高能量的需要外，蛋白质的提供也是极为重要的，如蛋白质不足，则影响整个日粮的平衡和粗饲料的利用率，还将严重影响产奶量。但也不是日粮蛋白质含量越高越好，在大豆产区的个别奶牛场，其混合精料中豆饼比例高达50%~60%，结果造成牛群暴发酮病。既浪费了蛋白质，又影响牛体健康。实践证明，蛋白质按饲养标准给量即可，不可任意提高。研究表明，高产牛以高能量、适蛋白质（满足需要）的日粮饲养效果最佳。尤其注意喂给过瘤胃蛋白质对增产特别有效。据研究，日粮过瘤胃蛋白质含量需占日粮总蛋白质的48%。目前已知如下饲料过瘤胃蛋白质含量较高：血粉、羽毛粉、鱼粉、玉米、面筋粉以及啤酒糟、白酒糟等，这些饲料宜适当多喂。添加蛋氨酸对增产效果明显。

3. 钙、磷含量

泌乳盛期对钙磷等矿物质的需要必须满足，日粮中钙的含量应提高到占总干物质的0.6%~0.8%，钙与磷的比例以（1.5~2）：1为宜。

4. 优质粗饲料

日粮中要提供最好质量的粗饲料，其喂量以干物质计，至少为母牛体重的1%，以便维持瘤胃的正常消化功能。冬季还可加喂多汁饲料，如胡萝卜、甜菜等，每日可喂15千克。每天每头服用维生素A 50 000国际单位、维生素D 36 000国际单位、维生素E 1 000国际单位或β-胡萝卜素300毫克，有助于高产牛分娩后卵巢机能的恢复，明显提高母牛受胎率，缩短胎次间隔。

5. 精粗搭配

在饲喂上，要注意精料和粗料的交替饲喂，以保持高产牛有旺盛的食欲，能吃下饲料定额。在高精料饲养下，要适当增加精料饲喂次数，即以少量多次的方法，可改善瘤胃微生物区系的活动环境，减少消化障碍、酮血症、产后瘫痪等的发病率。泌乳盛期日粮干物质占体重3.5%，每千克干物质含奶牛能量单位2.4、粗蛋白质16%~18%、钙0.7%、磷0.45%，粗纤维不少于15%，精粗比60：40。

6. 合理的饲料加工

从牛的生理上考虑，饲喂谷实类不应粉碎过细。因当牛食入过细粉末状的谷实后，在瘤胃内过快被微生物分解产酸，使瘤胃内pH值降到6以下，这时即会抑制纤维分解菌的消化活动。所以谷实应加工成碎粒或压扁成片状为宜。

（四）管理要点

1. 乳房护理

泌乳盛期对乳房的护理和加强挤奶工作尤显重要。如挤奶、护理不当，此时容易发生乳房炎。要适当增加挤奶次数，加强乳房热敷按摩，每次挤奶要尽量不留残余乳，挤奶操作完应对乳头进行消毒，可用3%次氯酸钠浸一浸乳头，以防止乳房受感染。

2. 改变挤奶法

对日产40千克以上高产奶牛，如手工挤奶，可采用双人挤奶法，有利于提高产奶量。

3. 提供舒适的环境

奶牛产奶盛期，体质虚弱，牛床应铺以清洁柔软的垫草，以利奶牛的休息和保护乳房。

4. 充足的饮水

要加强对饮水的管理，为促进母牛多饮水，冬季饮水温度不宜低于16℃；夏季饮清凉水或冰水，以利防暑降温，保持食欲，稳定奶量。

5. 适时配种

要密切注意奶牛产后的发情情况。奶牛出现发情后，要及时配种。高产奶牛的产后配种时间以产后70~90天为宜。

6. 日常检查

要加强对饲养效果的观察，主要从体况、产奶量及繁殖性能等3个主要方面进行检查。如发现问题，应及时调整日粮。

六、泌乳中后期的饲养管理

（一）泌乳中期饲养管理

泌乳中期指分娩后101~210天这一泌乳时期。在这个时期多数母牛产乳量逐渐下降，在一般情况下每月递减6%~7%，泌乳中期的产奶量仅仅是泌乳盛期的40%~50%。母牛产后105天体重开始逐渐回升，母牛已怀孕，其营养需要比泌乳盛期有所减少。泌乳中期采食量达到高峰，食欲良好，饲料转化率也高。饲养管理的要点如下。

1. 及时调整饲料

让其多吃粗饲料，防止精料浪费，精：粗=40：60。

2. 按"料跟着奶走"的原则

即随着泌乳量的减少而逐步减少精料用量。

3. 喂给多样化、适口性好的全价日粮

在精料逐步减少的同时，尽可能增加粗饲料用量，以满足奶牛营养需要。

4. 注意体况恢复

在这一阶段要抓好母牛体况恢复，每头牛应有 0.1~0.5 千克的日增重（初胎牛还应考虑生长需要，一般 2 岁母牛可在维持需要的基础上按饲养标准增加 20%，3 岁牛增加 10%）。

5. 特殊牛群的护理

对瘦弱牛要稍增加精料，以利于恢复体况；对中等偏上体况的牛，要适当减少精料，以免出现过度肥胖。

例如：有一头体重为 550~700 千克的乳牛其日粮组合见表 4-1。

表 4-1 不同产奶量的日粮组合

日产奶 （千克）	精料 （千克）	糟渣 （千克）	多汁 （千克）	青贮 （千克）	干草 （千克）	钙 （克）	磷 （克）
15	6~6.5	10~12	5	20	4	102	800
20	6.5~7.5	10~12	5	20	4	102	800
30	8.5~10	10~12	5	20	4	102	800

其中豆饼 25%，玉米 40%~50%，麸皮 20%~25%，矿物质 3%~5%，食盐 1%，碳酸钙 1.1%，石粉 1%。

6. 加强运动

由于采食量达到最高水平，必须保持每天在运动场上自由活动的时间，促进饲料的消化吸收。

7. 加强矿物质补充

为提高牛的食欲，运动场上可设置矿物质与食盐混合的食盒，供牛自由舔食。

8. 刷拭

牛体舍饲挤奶的条件下，每次上槽坚持牛体刷拭，有利于提高牛的食欲和饲料的消化。

9. 充足的饮水

保持水的清洁。注意水的温度，防止冰冻。

10. 防暑降温

运动场要搭凉棚，给牛遮阴。

11. 按摩

加强乳房按摩，保持高产。

（二）泌乳后期母牛的饲养管理

产后 200 天奶牛，这时已接近妊娠后期，胎儿生长发育加快，产乳量急剧下降，直至干乳前称泌乳后期。对营养的需要包括维持、泌乳、修补体组织、脂肪生长和妊娠沉积养分等 5 个方面。

泌乳后期的奶牛产奶量急剧下降，每月下降幅度达 10% 以上，此时母牛处于怀孕后期，胎儿生长发育很快，母牛要消耗大量营养物质，以供胎儿生长发育的需要。各器官处于较强活动状态，应做好牛体况恢复工作，泌乳后期是恢复奶牛体况和增重的最好时期，但又不能使母牛过肥，保持中等偏上体况即可。泌乳后期的饲养管理要点如下。

1. 调整日粮

饲养上以优质青粗料为主，补饲少量精料。泌乳后期的精料配方、日粮组成参考如下。

（1）适产奶水平为 8 000~8 500 千克　精料 10~12 千克，干草 4~4.5 千克，玉米青贮 20 千克。精料组成为玉米 50%、熟豆饼（粕）10%、棉仁饼（或棉粕）5%、胡麻饼 5%、花生饼 3%、葵子饼 4%、麸皮 20%、磷酸钙 1.5%、碳酸钙 0.5%、食盐 0.9%、微量元素和维生素添加剂 0.1%。

（2）产奶量为 7 000 千克　精料 9~10 千克，干草 4 千克，玉米青贮 20 千克。精料组成为玉米 50%、熟豆饼（粕）10%、葵子饼 5%、棉仁饼 5%、胡麻饼 5%、麸皮 22%、磷酸钙 1.5%、碳酸钙 0.5%、食盐 0.9%、微量元素和维生素添加剂 0.1%。

（3）体重 600 千克，日产奶 15 千克母牛的日粮组成　玉米青贮 16 千克，干草 5 千克，胡萝卜 3 千克，混合料 8.35 千克（其中玉米 54%、豆饼 24%、麸皮 19%、磷酸钙 2.0%、食盐 1.0%）。

2. 注意产奶水平和体况

在日粮供给上要根据母牛的产奶水平和实际膘情合理安排，精料可根据产奶量随时调整，一般产 3~4 千克奶给 1 千克精料。只要母牛为中等膘（即肋骨外露明显），则按前述日粮组成饲喂。若已达中等以上膘情（即肋骨可见，但不明显），则可减少 1~1.5 千克精料，并严格控制青贮玉米的给量，防止母牛过肥。

3. 直肠检查

在预计停奶以前必须进行一次直肠检查，确定一下是否妊娠，如个别牛可能怀双胎，则应按双胎确定该牛干奶期的饲养方案，要合理地提高饲养水平，增加 1~1.5 千克精料。

4. 保胎

注意母牛保胎，防止机械流产（如防止母牛群通过较窄道时互相拥挤，防止滑倒）。禁止喂冰冻或发霉变质的饲料。

七、干奶牛的饲养管理

干奶期是指从停止挤奶到产犊前 15d 的经产母牛。泌乳牛经过长时间的泌乳，体内已消耗很多养分，因此，需要一定的干奶时间补偿体内消耗的营养，保证胎儿的良好发育，并使母牛体内蓄积营养物质，给下一个泌乳创造条件，打好基础。母牛干奶期一般在临产前两个月。干奶期长短，主要决定于母牛营养与健康状况，体质好的可干奶一个半月，差的可延长到二个月以上。试验表明，无干奶期连续挤奶的牛比有干奶期的牛，在同样饲养条件下，第二胎产奶量下降 25%，第三胎则下降 38%，且随着胎次的增加，不干奶牛产奶量下降的趋势更大。所以，泌乳牛干奶是十分重要的。

（一）干奶的意义

1. 体内胎儿后期快速发育的需要

干奶期奶牛正处于妊娠后期，胎儿生长非常迅速，需要大量的营养物质。但随着胎儿体积的迅速增大，占据了大部分腹腔空间，使消化系统受到挤压，奶牛食欲和消化能力开始迅速下降。此时通过干奶，将有限的养分主要供给胎儿生长发育，有利于产出健壮的犊牛。

2. 干奶期有助于奶牛恢复体况

正确的干奶期治疗及饲养管理, 使奶牛有一个健康的体况, 避免产后出现疾病。同时为下一个泌乳期做好最佳准备。

3. 确保奶牛产犊当日机体及乳房处于最佳健康状态

干奶期是用前瞻性的方法处理和管理干奶牛以便达成最终目标, 产出优良的犊牛和达到泌乳期健康高产的目标。干奶对奶牛生产性能有重要意义, 如牛奶品质及产奶量提高。要完成该目标, 只有让奶牛乳房充分休息, 使其乳腺上皮细胞充分修复方能达到。

4. 有助于下一个泌乳期发挥最佳泌乳性能

60 天干奶期可保证奶牛下个泌乳期的性能发挥, 同时也为治愈乳房现有感染提供机会, 提高奶牛整体健康水平, 特别是瘤胃与肢蹄健康。

5. 乳腺组织周期性修养的需要

60 天使乳腺上皮细胞有充裕时间更新修复, 为出现预产期难免的计算误差或早产准备一定的保障时期。

6. 治疗乳房炎的需要

干奶期治疗主要目的在于降低乳房现有感染水平及预防新感染发生, 为达到目标, 需使用广谱、长效（60 天内均有效）的干奶药进行干奶期治疗。

（二）干奶的方法

1. 逐渐干奶法

用 1~2 周的时间使牛泌乳停止。一般采用减少青草、块根、块茎等多汁饲料的喂量, 限制饮水, 减少精料的喂量, 增加干草喂量、增加运动和停止按摩乳房, 改变挤奶时间和挤奶次数, 打乱牛的生活习性。挤奶次数由 3 次逐渐减少到 1 次, 最后, 迫使奶牛停奶。这种方法一般用于高产牛。

2. 快速干奶法

在 5~7 天内将奶干完。采用停喂多汁饲料, 减少精料的喂量, 以青干草为主, 控制饮水, 加强运动, 使其生活规律巨变。在停奶的第 1 天, 由 3 次挤奶改为 2 次, 第 2 天改为 1 次, 当日产奶量下降到 5~8 千克时, 就可停止挤奶。最后一次挤奶要挤净, 然后用抗生素油膏封闭乳头孔，也可用其他商用干奶药剂一次性封闭乳头。该法适用于中、低产牛。

3. 骤然干奶法

在预定干奶日突然停止挤奶，依靠乳房的内压减少泌乳，最后干奶。一般经过 3~5 天，乳房的乳汁逐步被吸收，约 10 天乳房收缩松软。对高产牛应在停奶后的 1 周再挤 1 次，挤净奶后注入抗生素，封闭乳头；或用其他干奶药剂注入乳头并封闭。

4. 注意事项

无论采用哪种方法干奶，都应观察乳房情况，发现乳房肿胀变硬，奶牛烦躁不安，应把奶挤出，重新干奶；如乳房有炎症，应及时治疗，待炎症消失后，再进行干奶。

（三）干奶牛的饲养管理要点

1. 干奶前期的饲喂

干奶前期奶牛指分娩前 21~60 天的奶牛。干奶前期的奶牛消耗的干物质预计占体重的 1.8%~2.0%（650 千克的奶牛消耗干物质 11.5~13 千克）。应给干奶前期奶牛饲喂含粗蛋白质 11%~12%、低钙（≤0.7%）、低磷（≤0.15%）含量的禾本科长秆干草。给干奶牛饲喂优质矿物质，硒、维生素 E 的日饲喂量应分别达到 4~6 毫克/头及 500~1 000 国际单位/头。

单一的玉米青贮因能量太高，不是干奶前期奶牛的理想草料。如果必须饲喂玉米青贮（含 35% 干物质），应将饲喂量限制在 5~7 千克湿重（2~2.5 千克干重），防止采食玉米青贮的干奶牛发生肥胖牛综合征。给干奶牛饲喂精料或玉米青贮，可能会引发皱胃移位。

限制玉米青贮的用量，有助于调节干奶牛日粮中的钙、钾及蛋白质水平，有利于瘦干奶牛的饲喂。豆科低水分青贮料不是干奶前期奶牛理想的草料。如果必须饲喂低水分青贮料（含干物质 45%），应将饲喂量限制在 3~5 千克湿重（1.5~2.0 千克干重）。

2. 干奶末期的饲喂

干奶末期奶牛指分娩前 21 天以内的奶牛。与干奶前期奶牛相比，干奶末期奶牛的采食总量下降 15%（即一头 650 千克奶牛的干物质摄入量减少 10~11 千克），干奶末期奶牛的干物质平均采食量为体重的

1.5%~1.7%。干奶牛在分娩前 2~3 周的干物质摄入量估计每周下降 5%，在分娩前 3~5 天内，最多可下降 30%。研究表明，分娩前 2~3 周，奶牛的采食量约为 11.4 千克，但在分娩前 1 周，其采食量可下降 30%，每天每头为 8~9 千克。实践中，在分娩前 3~5 天，奶牛干物质摄入量的下降率更可能为 10%~20%。

（1）钙的摄入　应仔细计算干奶末期奶牛的钙摄入量，以防发生产后瘫痪。即使是无明显临床症状的产后瘫痪，也可能引发许多其他的代谢问题。对草料及饲料进行挑选，以使钙的总供应量达 100 克或 100 克以下（日粮干物质含钙量低于 0.7%）。磷的日供应量为 45~50 克（日粮干物质含磷量低于 0.35%）。钙磷比保持在 2：1 或更低。限制苜蓿草的用量，以防产后瘫痪。这是因为苜蓿含钙量太高，通过采食苜蓿，奶牛对钙的日摄入量可能超过 100 克/头。

（2）日粮调整　使干奶末期奶牛适应采食泌乳日粮的基础草料，这一阶段使用玉米青贮或低水分青贮料，不提倡给干奶末期奶牛饲喂泌乳期全混合日粮，因为可能引起奶牛过量采食钙、磷、食盐及碳酸氢盐。也不要给干奶末期奶牛饲喂碳酸氢钠。饲喂"干奶末期奶牛专用全混合日粮"，可以确保在干物质摄入量发生剧烈波动时，粗、精料比仍保持固定。

（3）阴离子平衡　在饲喂高钙日粮（含钙超过 0.8% 干物质）及高钾日粮（含钾超过 1.2% 干物质或每头每天 100 克）的同时，饲喂阴离子盐。如果饲喂了阴离子盐，钙的摄入量可增加到每头每天 150~180 克（增加采食含钙 1.5%~1.9% 的日粮 8~11 千克）。

（4）因牛而异　给干奶末期奶牛饲喂全谷物日粮，而给新产牛饲喂精料。这样能使瘤胃适应分娩后所喂的高谷物日粮。

（5）精料补充　对于体况良好的奶牛，谷物的饲喂量可达体重的 0.5%（每头每天 3~3.5 千克），对于非最佳体况的奶牛，谷物的饲喂量最多占体重的 0.75%（每头每天 4.5~5 千克）。精料的饲喂量限制在干奶末期奶牛日粮干物质的 50%，或者最多饲喂每头每天 5 千克。

（6）注意体况　干奶牛在干奶期，尤其在分娩前最后 10~14 天，不应减轻体重。在此阶段减轻体重的奶牛会在肝脏中过度积累脂肪，出现脂肪肝综合征。

3. 注意事项

① 不要给干奶牛饲喂发霉干草（或饲料）霉菌能降低奶牛免疫系统的抗病力。采食发霉饲料的干奶牛较容易发生乳腺炎。

② 注意保持奶牛舒适，注意干奶末期奶牛的通风及饲槽管理，只要有可能应使奶牛适应产后环境，分娩前减轻应激意味着产后能更多地采食。

③ 在干奶牛的管理上，首先要确保奶牛运动，促使奶牛保持良好体况。其次，始终做到分槽饲喂干奶牛，干奶牛与其他奶牛同槽采食时，因竞争力差，而限制了其在干奶期这一关键时期的采食量，从而增加了发生代谢问题的危险性。第三，保持奶牛在整个干奶期直到分娩的体况，防止出现干奶牛肥胖过度变成"肉牛"。

技能训练

一、犊牛早期断奶方案的制定

【目的要求】掌握犊牛早期断奶方案的拟定方法。

【训练条件】

1. 一号犊牛初生重 46 千克。

2. 要求犊牛 50 天断奶，平均日增重 0.70 千克。

3. 哺喂全乳 150 千克，人工乳 50 千克，犊牛料 300 千克，干草不限。

4. 犊牛早期断奶方案表格。

【操作方法】

1. 根据本章犊牛早期断奶的有关内容，拟定一号犊牛 50 天的每天全乳的哺喂量。

2. 根据犊牛营养需要，制定人工乳、犊牛料配方后，确定补饲量。

3. 确定干草的补饲量。

【考核标准】能正确制定一号犊牛的断奶方案，填写下列表 4-2。

表4-2　一号犊牛早期断奶饲养方案　　【千克／（头·天）】

日龄	喂奶量	人工乳	犊牛料	粗料
1~10				
11~20				
21~30				
31~40				
41~50				
51~60				
61~180				
全期总计				

二、奶牛的护蹄与修蹄

【目的要求】了解奶牛护蹄和修蹄的重要意义，熟悉修蹄的工具，掌握奶牛修蹄和蹄浴的方法。

【训练条件】蹄浴药液、修建药浴池。修蹄工具有：蹄铲刀、镰式蹄刀、直蹄刀、剪蹄钳子、錾子、木槌、蹄锉、烙铁、手把移动砂轮、果树剪、蹄凳、保定架及奶牛等。

【操作方法】

1. 蹄浴

拴系饲养的奶牛清除趾间污物，将药液直接喷雾到趾间隙和蹄壁。散养奶牛在挤奶厅出口处修建药浴池（长×宽×深＝5米×0.75米×0.15米），池地注意防滑。

药液：3~5升福尔马林+100升或10%硫酸铜溶液。一池药液用2~5天。每月药浴1周，当奶牛走过药浴池遗留粪便时，应及时更换药液。

2. 修蹄

将要修蹄的奶牛牵入保定架，拴好。起举肢蹄时人应尽量支撑着牛体，注意保持牛背线平直，肢蹄举成水平，放在蹄凳上保定系部和前后部位，使蹄底面朝上。牛胆小，操作时不可粗暴，可让牛吃点草，使其安静。先切削蹄底部，由蹄锤到蹄底，再到蹄尖。削到蹄底与底面平行为止。削时注意用手指按蹄底要有硬度，特别注意蹄底出现粉红色就应停止削蹄。切削蹄要一小片一小片地削，不削大削深，以免伤蹄。切削蹄尖时，蹄底及蹄负面容易削过头。要注意削变形蹄、长蹄，修蹄可分两三次进行。切削完毕后，将蹄缘锉齐，再将内外蹄的蹄尖磨圆、锉齐。免得伤到乳房、乳头。

【考核标准】

1. 能说出蹄浴、修蹄的步骤。

2. 能谈出修蹄的体会。

思考与练习

1. 犊牛的消化特点是什么？

2. 母牛产犊后无奶（乳汁不足）怎么办？

3. 多余的初乳如何发酵？怎样喂用？

4. 初乳期的犊牛应该怎样饲喂？

5. 常乳期应如何对犊牛进行饲养管理？

6. 怎样对犊牛进行早期断奶？

7. 怎样对育成牛进行饲养管理？

8. 围产期奶牛应该如何饲养管理？

9. 妊娠后期的奶牛为什么要进行干奶？干奶牛的饲养管理要点有哪些？

10. 简述泌乳期母牛的饲养管理要点。

第五章　奶牛的健康与保健

知识目标

　　1. 了解奶牛的健康及其影响因素，能全面制定奶牛的保健计划。

　　2. 掌握奶牛场常用消毒剂的使用方法，正确给奶牛场进行正确消毒。

　　3. 掌握奶牛场的卫生防疫措施。

技能要求

　　能编制奶牛场防疫制度和防疫计划。

第一节　奶牛的保健计划

一、奶牛的健康及其影响因素

（一）奶牛健康的概念及意义

　　奶牛健康是指牛只生理功能正常，没有疾病和遗传缺陷，能发挥正常的生产能力。其现实意义在于以下几个方面。

　　① 保持奶牛健康能有效的保持奶牛的生产能力，有助于把奶牛生

产力提高到最佳水平，为生产者提供较高的经济效益。

②母牛的健康状况直接影响到母牛群的繁殖力。当母牛患生殖疾病时，如子宫与卵巢疾病，常常会影响受胎率。

③奶牛的健康状况直接影响到奶牛的生产性能和利用年限。奶牛健康，生产性能好，利用年限长；繁殖利用年限短，经济价值低。

④奶牛的某些传染病是人畜共患的。因此，保持奶牛的健康对于确保牛奶产品卫生和安全，保证人的健康都具有十分重要的意义。

（二）影响奶牛健康的因素

1. 饲养管理因素

由于饲养管理不当而引起的奶牛疾病最为常见，影响奶牛健康的饲养管理因素主要有以下几点。

（1）生产无计划，没有分群分阶段饲养　管理水平差的奶牛场，不按奶牛的泌乳期、产奶量、胎次等分群饲养，常易导致奶牛繁殖机能障碍和营养代谢紊乱等疾病的发生；饲料没有统一的安排和长远计划，贮备不足；随意改动和突然变换饲料，使奶牛瘤胃内环境经常处于应激状态，不利于微生物的高效繁殖和连续性发酵，易引起瘤胃积食、瘤胃弛缓等胃肠道疾病和营养代谢病的发生。

（2）不按饲养标准饲喂　不同生产水平、生理阶段的奶牛，对日粮的营养水平、精粗饲料比例的要求不同。因此，必须根据相应的饲养标准进行配制，并在使用过程中适当调整。如果为了片面追求产奶量，而使精粗饲料比例失调，则可导致奶牛瘤胃酸中毒、酮病等疾病的发生。

（3）水源不足，环境卫生差　奶牛舍要阳光充足，通风良好。有的奶牛舍阴暗潮湿、运动场泥泞、牛只拥挤、粪便堆积，易使奶牛发生多种呼吸道疾病、蹄病以及皮肤病等。奶牛每天都需要大量地饮水，以成年母牛为例，每摄取1千克干物质需水3~5升，每分泌1升奶汁需水4升。因此，凡有条件的奶牛场，都应设置自动饮水装置，以满足饮水量和饮用清洁无污染的水，保证牛体正常代谢，维持健康水平。

（4）没有定期驱虫　驱虫对于增强奶牛群体质，预防或减少寄生虫病和传染病的发生，具有十分重要的意义。一般每年春秋两季各进行1次全群驱虫。驱虫前应做好虫卵的检查，摸清牛群内寄生虫的种类和危害程度，有的放矢地选择驱虫药。如果不定期驱虫，会使牛群消瘦，影响奶牛生长发育或生产性能，严重的会暴发寄生虫病。

（5）不严格执行消毒防疫制度　在传染病和寄生虫病的防疫措施中，通过消毒杀灭病原菌是预防和控制奶牛疫病的重要手段。另外，有计划地给健康牛群进行预防接种，可以有效地抵抗相应的传染病侵害。若不进行严格消毒工作和相应的防疫措施，有可能造成疫病流行和重大的经济损失，甚至直接威胁人类的身体健康，对此，从业人员应有足够的认识。

2. 应激因素

应激是指机体受到环境因素刺激所产生的应答反应，是机体对环境适应性的表现。环境应激一般会改变奶牛的生产性能，降低奶牛对疾病的抵抗力，也可影响疾病出现的频率及程度。有人论证了8种应激原，即冷、热、拥挤、混群、断奶、限制采食、噪音和保定。该类应激原在改变家畜的抗感染能力方面起着重要作用。目前，有关环境应激和抗感染力之间的机理还在研究中。在临床表现上，应激症状有以下几种类型。

（1）猝死性应激综合征　奶牛食欲和精神正常，但在很短时间内却突然死亡，如急性瘤胃酸中毒。

（2）急性应激综合征　多由营养缺乏、饲养管理不当、神经紧张等原因引起，如胃溃疡。

（3）慢性应激综合征　应激原作用强度微弱，但持续时间较长，反复出现，如新鲜牛奶的酒精阳性反应。

生产上，要特别重视热应激对奶牛健康和生产性能的影响，因为热应激不但使奶牛代谢功能异常，且使其对疾病的抵抗力下降，从而易感染疾病。采取的防暑降温措施有淋浴、通风、绿化、改善牛舍与牧场环境等。

二、奶牛群的保健计划

奶牛的健康状况欠佳或疾病问题常使奶牛场蒙受巨大的经济损失，增加生产成本。因此，在奶牛场提高生产效率的计划中，牛群保健计划应占有十分重要的位置。牛群保健计划的核心是以防为主，防重于治。实施有效的保健计划，可大幅度降低各种疾病的发生率，提高乳的产量和质量，减少健康原因给牛场造成的经济损失。虽然治疗对于挽救个体病牛来说是至关重要的，但是对于挽救整个牛场生产来说则预防重要得多，治疗仅系各种生产损失已经发生以后的补救性措施。奶牛在产乳期发病，会使乳的产量和质量都显著降低，进行药物治疗时，乳中往往出现药物残留，亦严重降低乳的质量。在奶牛场的经营中，要想最大限度地降低因健康状况欠佳或疾病造成的损失就必须有一个切合自身实际的完善的牛群保健计划，并确保在生产中实施。

（一）奶牛保健的基本要求

① 要善待奶牛，注重其福利，减少应激，使其在舒适的环境中愉快地生产牛奶。保持牛舍内、运动场及其环境清洁卫生，定期消毒。设置足够的运动场地并使牛群达到足够的运动量，增强奶牛的体质。

② 坚持自繁自养，尽量不购进成牛，若必须购入需经严格检查，并经一段时间的隔离饲养才能混入本场牛群中。

③ 了解当地的牛发病情况，危害程度，特别是传染性疾病的情况，预防走在前面。日常管理中注意观察奶牛个体，及早发现病牛及时治疗。

④ 奶牛日粮应以青粗料为主，精料为辅，多种饲料结合。饲喂高精料日粮时注意逐步增加比例防止酸中毒。勿使奶牛接触到不该吃的有毒有害物质，防止中毒。饲喂时注意对饲料中的铁钉、针等尖锐金属物的清除。

⑤ 在助产、人工授精、阴道检查等时，进入生殖道的物品和器具要严格清洗消毒。

（二）牛群保健提纲

1. *初生至 6 月龄*

任务：提高犊牛成活率，确保犊牛正常生长发育，体格健壮。重点预防犊牛腹泻和犊牛肺炎。

措施：全程保持牛舍温暖，清洁干燥，防止贼风；注意哺乳卫生，定时、定量、定奶温；运动场地宽敞，让犊牛运动充足。

初生时：及时清除犊牛口、鼻、体躯黏液；在距腹部 10 厘米处断脐带，断端用碘酊消毒；至少在犊牛出生后 1 小时内哺喂初乳。

2~6 月龄时：母犊布鲁氏杆菌预防注射。至少在 5 周的哺乳期内个体单独饲养。

2. 育成牛

任务：确保育成牛正常生长发育，体况健壮在 15 月龄时达到初配的体况要求；进行疫病预防接种。

6 月龄到初配：充足运动、确保正常增重发育。12 月龄时口服磁铁；15~18 月龄、体重达成年的 70% 时初配。

初配至产前 2 周：加强运动，增加营养，确保母牛和胎儿正常发育。从怀孕的中后期开始至产前两周，每天进行 2~3 次乳房按摩，刺激乳房发育。

3. 泌乳期

任务：防止产科疾病的发生，降低产科损失。重点预防母牛生殖道炎症、生产瘫痪、乳房炎、酮病等的发生，确保母牛高产。及时配种和妊娠诊断，防止空怀。

接产：临产时将牛转入产房，专人 24 小时值班，生产时及时助产。

产后 5 天内：及早恢复母牛体况，消除乳房水肿。

泌乳早期：采取"引导饲养法"饲养，获取高产。

挤奶：每次挤奶前后充分按摩乳房，挤后清洁消毒乳头。

产后 30 天：生殖道检查。

产后 60 天左右：配种。

配种后 40~60 天：妊娠检查。

泌乳中后期：恢复母牛体重，稳定生产。

4. 干奶期

任务：恢复母牛体况，恢复乳房机能，疾病免疫。

干奶时：每个乳头注入长效抗生素软膏。对乳房炎个体治疗。

干奶后期：每天 2~3 次乳房按摩，促进乳房恢复。母牛临产前 1 周转入产房，保持产房干燥卫生和母牛体躯卫生。

（三）牛群保健记录

在保健计划的实施过程中，保健记录十分重要，据此可以看到保健工作的成效和不足，并据此进行保健计划的修订，保健工作的改善。保健记录的项目至少应包括牛的出生年月、编号、父母亲的编号、初次配种和产犊的时间、产后至第一次发情的时间、每次发情配种的时间、发情行为表现、持续时间、外阴变化、发情时产乳量下降程度，妊娠检查的结果，每次产犊的情况，诸如：畸形、流产、难产、犊牛健康状况、死犊、弱犊、性别等；每次防疫项目和时间、各种疾病的发病时间和危害情况、病因、用药治疗情况、死亡原因和时间、淘汰时间和理由、淘汰时牛的价值；对每次牛的异常情况都要记录及时进行简要的分析，并将分析结果记录在案。

记录的目的是用于分析，至少每年要统计分析一次所有的记录项目，计算出各类牛各阶段各类疾病的发生率、死亡率、损失情况，据此调整计划，改进保健工作。现代化的奶牛场，已广泛采用电脑参加饲养管理，使得繁杂的保健信息数据的处理和保存变得非常容易，因而记录的项目应更多更细一些，记录的保存期可更长一些，这样就能为保健计划的修订，保健工作的改进提供更详实的依据。

（四）确保计划的实施

再好的计划不能保证实施，其作用就几乎等于零。保健工作本身就融合于饲养管理的全过程中，是规范化饲养管理的重要组成部分。这就决定了保健计划的实施是一项长期的，涉及面很广，需要所有的饲养管理人员长期协作的艰巨工作。除非过去的保健工作十分糟糕，否则保健工作的成效在短时期内很难表现出来。饲养管理人员常因看不到成效而厌倦和敷衍日常繁杂的保健工作，使保健计划落空。因此，让饲养管理人员了解保健工作的重要性很有必要。要使饲养管理人员认识到，用于预防疾病的开支总是低于疾病所造成的损失的，用于预防的付出可能是奶牛场回报最高的投入。为保持相关人员的积极性，还应采取一定的奖惩措施，这样才能使饲养管理人员无怨地持之以恒地实施保健计划。

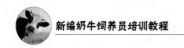

第二节　奶牛场的消毒

一、奶牛场常用的消毒剂及使用

良好的生产环境条件是获得最佳生产效益的基本保障，在奶牛生产中消灭病原微生物对其生产性能的影响就显得尤为重要，而消毒是控制奶牛疾病流行的重要环节，通过消毒可以抑制或杀灭病原微生物，维持或提高奶牛健康水平。目前奶牛生产中常用的化学消毒剂主要有过氧化物类、碱类、碘与碘化物、含氯化合物、季铵盐类消毒剂等。

（一）过氧化物类消毒剂

过氧化物类消毒剂是奶牛生产中常见的消毒剂，主要包括过氧乙酸、过氧戊二酸、高锰酸钾、过氧化氢等。过氧化物类消毒剂依靠其氧化作用，破坏细菌细胞结构的完整性，对细菌酶系统的功能进行干扰，阻止细菌进行正常的代谢，从而达到杀灭细菌的目的。一般用0.2%~0.5%过氧乙酸对奶牛场地面、墙壁、门窗进行喷雾消毒，保持时间应当为30~60分钟，然后打开门窗通风。对牛场房屋空间密闭后，用浓度为15%、用量为7毫升/米^{3}的过氧乙酸溶液（1克/米^3），放入玻璃器皿中，加热熏蒸消毒120分钟，消毒结束后可打开门窗通风。对奶牛场饲养工具等的消毒可用浓度为0.5%的过氧乙酸溶液喷洒至表面湿润，保持时间不少于60分钟。

（二）含氯消毒剂

含氯消毒剂主要包括漂白粉、二氧化氯、二氯异氰尿酸钠、次氯酸钠等。含氯消毒剂是一种强力杀菌消毒剂，其氧化作用使大分子有机物变小分子有机物，使微生物细胞膜中蛋白质和脂类结构发生改变，从而改变菌体细胞膜的渗透性，导致微生物生理代谢异常，杀死微生物，在奶牛生产中作为消毒剂使用越来越广泛。

含氯消毒剂主要用于牛场饮水及环境消毒。饮水消毒时以4克/米^{3}漂白粉的用量为宜；饲养用具消毒以1.5%的浓度进行浸泡或擦洗消毒；用漂白粉进行环境消毒时，用量为2%~4%，喷雾消毒时注意均匀消毒。

（三）醛类消毒剂

醛类消毒剂（戊二醛）具有固定蛋白质作用，通过其交联作用，使菌体表面蛋白质受体遭到破坏，使膜蛋白质构象发生改变，蛋白质功能受到影响，进而起到杀菌的作用。醛类消毒剂在奶牛生产中被广泛应用。但此类消毒剂存在严重缺点，特别是甲醛，因其毒性大、刺激性气味强烈、危害使用者的健康，所以现多用戊二醛制品和邻苯二甲醛制品等。醛类消毒剂多用于牛舍的环境消毒，其对芽孢消毒的作用尤为突出。熏蒸消毒时必须保持较高的室温和相对湿度，一般消毒时间为 8~10 小时。

（四）季铵盐类消毒剂

季铵盐类消毒剂是一类阳离子表面活性剂，具有良好的杀灭微生物的作用。季铵盐类消毒剂目前大多按照单链季铵盐、双链季铵盐、聚季铵盐分类，生产中常用的有单链季铵盐类消毒剂（新洁尔灭）和双长链季铵盐类消毒剂。季铵盐类消毒剂因其温和的性质和方便的使用方法，在奶牛消毒中得到广泛应用。季铵盐类消毒剂的消毒作用主要通过改变菌体细胞通透性，破坏细胞类脂层与蛋白质层，使菌体内容物外渗，菌体生理活性受到限制，从而引起细胞死亡。

一般季铵盐类消毒剂用在奶牛场设施表面与环境消毒，以 1 000~5 000 毫克/升苯扎溴铵溶液进行喷雾消毒杀菌，对牛舍、操作间、饲养用具等用较高浓度的苯扎氯铵溶液喷雾消毒。临床常用 500 毫克/升新洁尔灭水溶液作为黏膜冲洗消毒，伤口冲洗消毒多用 1 000 毫克/升新洁尔灭水溶液冲洗擦拭消毒。双链季铵盐类消毒剂具有较好的水溶性和良好的降低表面张力的能力，常用 50~500 毫克/升溶液用于牛舍及环境消毒。

（五）碘类化合物消毒剂

碘类化合物作为消毒剂应用历史较长，主要用于动物机体杀菌消毒。碘是目前公认的理想的杀毒剂，在生产实践中已得到广泛应用。碘类化合物消毒剂主要包括碘酊（或碘酒）和碘伏，主要用于奶牛乳头消毒及伤口处理消毒。奶牛乳头消毒常用 0.2% 碘溶液，伤口处理消毒多用 0.5%~1% 碘伏或 0.3%~0.5% 的洗必泰。

（六）氢氧化钠

氢氧化钠（火碱）的消毒作用较强，可消灭大多数细菌、病毒、芽孢等，是生产中常用的消毒剂。氢氧化钠易溶于水，其消毒作用依靠其强大的碱性反应，使菌体蛋白质溶解，并形成蛋白质化合物，达到消毒的目的。生产中氢氧化钠主要用于牛场环境场地消毒，一般以2%氢氧化钠水溶液用于牛舍污染地面、场所、用具及车辆消毒。牛舍消毒时应将圈舍进行清扫，将牛牵离，消毒过的饲槽、水槽等用清水冲洗后，再进行饲喂。氢氧化钠因其具有的强碱性反应，对人体、铝性物质、棉织物有较强的腐蚀作用，如不慎溅上人体皮肤或黏膜应立即用大量清水冲洗，使用时应注意。

二、奶牛场消毒常见问题

（一）不按消毒程序消毒

养牛场的消毒不可随心所欲，应当按一定程序进行。选择对人、牛和环境安全、无残留毒性，对设备没有破坏性和在牛体内不产生有害积累的消毒剂。要针对不同的消毒对象采用不同的消毒剂并采取不同的消毒方法，如：牛舍、牛场道路、车辆可用次氯酸盐、新洁尔灭等消毒液进行喷雾消毒；用热碱水（70~75℃）清洗挤奶机器管道。尤其注意对牛体消毒，在挤奶、助产、配种、注射治疗等操作前，操作人员应先进行消毒，同时对牛乳房、乳头、阴道口等进行消毒，防止感染乳房炎、子宫内膜炎等疾病，保证牛体健康。不能长时间用同一性质消毒剂，以免产生抗药性。

（二）对饮水消毒理解错误

饮水消毒就是把饮水中的微生物杀灭。很多消毒药物，说明书称其"高效、广谱、对人畜无害"，能100%杀灭某病菌、某病毒，用于饮水或拌料内服，在1~3天可杀灭某病毒的宣传，误导了消毒者。在临床上常用的饮水消毒剂为氯制剂、季铵盐类和碘制剂。在饮水消毒时，如果药物的剂量掌握不好或对饮水量估计不准，可能会使水中的消毒药物浓度加大，若长期饮用，除可能引起急性中毒外，还可能杀灭或抑制奶牛肠道内的正常菌群，使奶牛的正常消化出现紊乱，对奶牛的健康造成危害。

（三）误认为生石灰能消毒

生石灰是氧化钙，它本身没有消毒作用，而只有加入相当于生石灰重量80%~100%的水时，生成熟石灰，离解出氢氧根离子后才有杀菌作用。熟石灰是一种消毒力好、无污染、无特殊气味、廉价易得、使用方便的消毒药。有的牛场在消毒池中放置厚厚的干石灰面，让人踩车碾，这样起不到消毒作用；有的直接将干生石灰面撒在道路和运动场，致使石灰粉尘飞扬，被奶牛吸入呼吸道，人为地诱发呼吸道炎症；有的用放置时间过久的熟石灰作消毒用，也起不到消毒效果，由于熟石灰已经吸收了空气中的二氧化碳，变成碳酸钙，没有了氢氧根离子，完全丧失了消毒杀菌作用。使用石灰最好的消毒方法是配制成10%~20%的石灰乳，用于涂刷牛舍墙壁，既可灭菌消毒，又可起到美化环境的作用。在消毒池内要经常补充水，添加生石灰。

（四）消毒前不做机械性清除

奶牛场在消毒前往往忽视对牛舍、运动场内牛粪、饲料残渣等有机物的清除。要充分发挥消毒药物作用，必须使药物与病原微生物直接接触。这些有机物中存有大量细菌，同时，消毒药物与有机物的蛋白质有不同程度的亲和力，可结合成为不溶于水的化合物，消毒药物被大量的有机物所消耗，妨碍药物作用的发挥，大大降低了药物对病原微生物的杀灭作用，需要消耗大剂量的消毒药物。因此，彻底地机械性清除牛场内有机物是高效消毒的前提。

（五）挤奶时不能做到一牛一消毒

规模化奶牛养殖场实行统一挤奶，此时往往会造成奶牛疾病的传播。由于挤奶时间比较紧张，在挤奶过程中，对挤奶器奶杯不能很好地做到一牛一消毒，往往只对奶牛乳房进行简单冲洗。这样就会造成乳房炎等传染病的传播，最好的办法是在奶牛挤奶前进行牛体刷拭、乳房冲洗消毒、乳头药浴；挤奶器奶杯进行一牛一消毒，避免交叉感染。

三、奶牛场的常用消毒方法

（一）场区环境消毒

在大门口和牛舍入口设消毒池，消毒池可用2%~4%火碱，为保证药液的有效，一般 15 天更换一次药液；场区周围及场内污水池、下水道出口，每月用漂白粉消毒 1 次，每立方米污水可使用 6~10 克漂白粉。

（二）人员消毒

工作人员进入生产区应更衣和紫外线消毒，工作服不应穿出场外。外来参观者进入场区参观应彻底消毒，更换场区工作服和工作鞋，并遵守场内防疫制度。

（三）牛舍消毒

牛舍定期彻底清扫干净，用高压水枪冲洗牛床，并进行喷雾消毒；运动场及其周围环境每周消毒一次，可用 2% 火碱消毒或撒生石灰。

（四）用具消毒

定期对饲喂用具、料槽和饲料车等进行消毒，夏季每两周消毒一次，冬季一个月消毒一次。可选用 0.1% 新洁尔灭或 0.2%~0.5% 过氧乙酸消毒；日常用具如兽医用具、助产用具、配种用具、挤奶设备和奶罐车等在使用前后应进行彻底清洗和消毒。

（五）带牛环境消毒

定期进行带牛环境消毒，特别是传染病多发季节，有利于减少环境中的病原微生物。可用于带牛环境消毒的消毒药有：0.1% 新洁尔灭、0.3% 过氧乙酸、0.1% 次氯酸钠，以减少传染病和蹄病等发生。带牛环境消毒应避免消毒剂污染到牛奶中。

第三节　奶牛场的卫生防疫和保健

一、搞好牛舍卫生

养好奶牛必须搞好牛舍卫生。

① 及时清除牛舍内外、运动场上的粪便及其他污物，保持不积水、干燥。

② 奶牛舍中的空气含有氨气、硫化氢、二氧化碳等，如果浓度过大、作用时间长，会使牛体体质变差，抵抗力降低，发病率升高等。

所以应安装通风换气设备，及时排出污浊空气，不断进入新鲜空气。

③ 每次奶牛下槽后，饲槽、牛床一定要刷洗干净。清除出去的粪便及时发酵处理。

④ 牛舍内的尘埃和微生物主要来源于饲喂过程中的饲料分发、采食、活动、清洁卫生等，因此饲养员应做好日常工作。

⑤ 种树、种草（花），改善场（区）小气候。绿化环境，还可以营造适宜温度（奶牛适宜的温度为 5~10℃）、湿度（奶牛适宜的相对湿度为 50%~70%）、气流（风）、光照（采光系数为 1∶12）等环境条件。夏季枝繁叶茂，可遮阳、吸热，使气温降低，提高相对湿度。

⑥ 降低噪声。奶牛对突然而来的噪声最为敏感。有报道当噪声达到 110~115 分贝时，奶牛的产奶量下降 10%~30%；同时会引起惊群、早产、流产等症状。所以奶牛场选择场址时应尽量选在无噪声或噪声较小的场所。

⑦ 防暑防寒。夏季特别要搞好防暑降温工作，牛舍应安装换气扇，牛舍周围及运动场上，应种树遮阳或搭凉棚。夏季还应适当喂给青绿多汁饲料，增加饮水，同时消灭蚊蝇。冬季牛舍注意防风，保持干燥。不能给牛饮冰碴水，水温最好保持在 12℃以上。

⑧ 严格消毒制度。门口设消毒室（池），室内装紫外灯，池内置 2%~3% 氢氧化钠液或 0.2%~0.4% 过氧乙酸等药物。同时，工作人员进入场区（生产区）必须更换衣服、鞋帽。对带有肉食品或患有传染病的人员不准进入场区。

二、做好牛体卫生

经常保持牛体卫生清洁是非常重要的。

① 严格防疫、检疫和其他兽医卫生管理制度。对患有结核、布病等传染性疾病的奶牛，应及时隔离并尽快确诊，同时对病牛的分泌物、粪便、剩余饲料、褥草及剖析的病变部分等焚烧、深埋无害化处理。另外，每年春秋季各进行 1 次全牛群驱虫，对肝片吸虫病多发的地区，每年可进行 3 次驱虫。

② 刷拭。刷拭方法：饲养员先站左侧用毛刷由颈部开始，从前向后，从上到下依次刷拭，中后躯刷完后再刷头部、四肢和尾部，然后

再刷右侧，每次 3~5 分钟。刷拭宜在挤奶前 30 分钟进行，否则由于尘土飞扬污染牛奶。刷下的牛毛应收集起来，以免牛舔食，而影响牛的消化。有试验资料表明，经常刷拭牛体可提高产奶量 3%~5%。

③ 修蹄。在舍饲条件下奶牛活动量小，蹄子长得快，易于引起肢蹄病或肢蹄患病引起关节炎，而且奶牛长肢蹄会划破乳房，造成乳房损伤及其他感染疾病（特别是围产前后期）。因此，经常保持蹄壁周围及蹄叉清洁无污物。修蹄一般在每年春秋两季定期进行。

④ 铺垫褥草。牛床上应铺碎而柔软的褥草如麦秸、稻草等，并每天进行铺换。为保持牛体卫生还应清洗乳房和牛体上的粪便污垢，夏天每天应进行一次水浴或淋浴。

⑤ 运动。奶牛每天必须保持 2~3 小时的自由活动或驱赶运动。

三、奶牛场的卫生防疫和保健

在牛场生产中，要坚决贯彻国务院《家畜家禽防疫条例》，坚持"防病重于治病"的方针，防止和消灭奶牛疾病，特别是传染病、代谢病，使奶牛更好地发挥生产性能，延长使用年限，提高养牛的经济效益。

（一）传染病和寄生虫病的防疫工作

1. 日常的预防措施

① 奶牛场应将生产区与生活区分开。生产区门口应设置消毒池和消毒室（内设紫外线灯等消毒设施），消毒池内应常年保持 2%~4% 氢氧化钠溶液等消毒药。

② 严格控制非生产人员进入生产区，必须进入时应更换工作服及鞋帽，经消毒室消毒后才能进入。

③ 生产区不准解剖尸体，不准养狗、猪及其他畜禽，定期灭蚊蝇。

④ 每年春、秋季各进行一次结核病、布氏杆菌病、副结核病的检疫。检出阳性或有可疑反应的牛要及时按规定处置。检疫结束后，要及时对牛舍内外及用具等彻底进行一次大消毒。

⑤ 每年春、秋各进行一次疥癣等体表寄生虫的检查，6—9 月，焦虫病流行区要定期检查并做好灭蜱工作，10 月对牛群进行一次肝片

吸虫等的预防驱虫工作，春季对犊牛群进行球虫的检查和驱虫工作。

⑥ 新引进的牛必须持有法定单位的检疫证明书，并严格执行隔离检疫制度，确认健康后方可入群。

⑦ 饲养人员每年应至少进行一次体格检查，如发现患有危害人、牛的传染病者，应及时调离，以防传染。

2. 发生疫情时的紧急防制措施

① 应立即组成防疫小组，尽快做出确切诊断，迅速向有关上级部门报告疫情。

② 迅速隔离病牛，对危害较重的传染病应及时划区封锁，建立封锁带，出入人员和车辆要严格消毒，同时严格消毒污染环境。解除封锁的条件是在最后一头病牛痊愈或屠宰后两个潜伏期内再无新病例出现，经过全面大消毒，报上级主管部门批准，方可解除封锁。

③ 对病牛及封锁区内的牛只实行合理的综合防制措施，包括疫苗的紧急接种、抗生素疗法、高免血清的特异性疗法、化学疗法、增强体质和生理机能的辅助疗法等。

④ 病死牛尸体要严格按照防疫条例进行处置。

（二）代谢病的监控工作

由于奶牛生产的集约化和高标准饲养及定向选育的发展，提高了奶牛的生产性能和饲养场的经济效益，推动了营养代谢问题研究的进展。但与此同时，若饲养管理条件和技术稍有疏忽，就不可避免地导致营养代谢疾病的发生，严重影响了奶牛的健康、奶产量和利用年限，因此必须重视奶牛代谢病的监控工作。

① 代谢抽样试验（MPT）每季度随机抽 30~50 头奶牛血样，测定血中尿氮含量、血钙、血磷、血糖、血红蛋白等一系列生化指标，以观测牛群的代谢状况。

② 尿 pH 值和酮体的测定，产前一周至分娩后 2 个月内，隔日测定尿 pH 值和酮体一次，对测出阳性或可疑牛只及时治疗，并关注牛群状况。

③ 调整日粮配方。定时测定平衡日粮中各种营养物质含量。对高产、消瘦、体弱的奶牛，要及时调整日粮配方增加营养，以预防相关疾病的发生。

④ 高产奶牛群在泌乳高峰期，应在精料中适当加喂碳酸氢钠、氧化镁等添加剂。

（三）乳房、蹄部的卫生保健

① 经常保持牛舍、牛床、运动场、牛体及乳房的清洁，牛舍、牛床及运动场还应保持平整、干燥、无污物（如砖块、石头、炉渣、废弃塑料袋等）。

② 挤乳时必须用清洁水清洗乳房，然后用干净的毛巾擦干，挤完乳后，必须用3%~4%次氯酸钠溶液等消毒药浸泡每个乳头数秒钟。

③ 停乳前10天、3天要进行隐性乳房炎的监测，反应阳性牛要及时治疗，两次均为阴性反应的牛可施行停乳。停乳后继续药浴乳头1周，并定时观察乳房的变化。预产期前1周恢复药浴，每日2次。

④ 每年的1、3、6、7、8、9、11月都要进行隐性乳房炎的监测工作。对有临诊表现的乳房炎采取综合性防治措施，对久治不愈的乳牛应及时淘汰，以减少传染来源。

⑤ 每年春、秋季各检查和整蹄一次，对患有肢蹄病的牛要及时治疗。蹄病高发季节，应每周用5%硫酸铜溶液喷洒蹄部2次，以减少蹄病的发生，对蹄病高发牛群要关注整个牛群状况。

⑥ 禁用有肢蹄病遗传缺陷的公牛精液进行配种。

⑦ 定期检测各类饲料成分，经常检查、调整、平衡奶牛日粮的营养，特别是蹄病发生率达15%以上时。

第四节　奶牛场粪污无害化处理技术

奶牛粪尿和污水是奶牛场主要的污染源。据试验，一头体重为500~600千克的成年奶牛，每天排粪量为30~50千克，污水量为15~20升。奶牛的粪尿排泄量参考值见表5-1。奶牛鲜粪尿中与环境有关的指标 CODcr（生物需氧）、BOD5（化学需氧）、NH3-N（氨氮）、TP（总磷）、TN（总氮）都是相当高的（表5-2）。对粪尿处理不当，会对环境造成极大的危害。同时，牛粪也是一种生物资源，通常牛粪中各物质含量分别为水分77.5%、有机质20.3%、氮0.34%、磷

0.16%、钾 0.4%，对于植物的生长是非常好的养分，处理得当可以变废为宝，对于环境和植物生长都是有益的。

表 5-1　奶牛的粪尿排泄量（鲜重）

牛群	体重（千克）	粪量（千克/天）	尿量（千克/天）
泌乳牛	550~600	30~50	15~20
青年牛	400~500	20~25	10~17
育成牛	200~300	10~20	5~10
犊牛	100~200	3~7	2~5

表 5-2　奶牛粪尿中污染物的平均含量　　　单位：千克/吨

污染物	CODcr	BOD5	NH3-N	TP	TN
牛粪	31.0	24.53	1.71	1.18	4.37
牛尿	6.0	4.0	3.47	0.40	8.0

一、粪污还田，农牧结合

目前多数国家普遍采用的是，将奶牛场的粪尿污物经过无害化处理后还田用作肥料。即使是在发达国家欧盟、美国等也是如此。这些国家的政府根据当地气候、土壤和农作物种植状况，提出每头奶牛应占有耕地面积的最低标准，用来消纳粪污。例如，瑞典根据当地耕地情况，每平方千米可吸纳氮肥（N）170 千克，磷肥（P）25 千克，而每头奶牛的粪便每年产生的 N 为 106 千克，P 为 15 千克。因此，规定每头奶牛至少占有耕地 0.63 千米^2。同样，在北欧的丹麦规定为 0.67 千米^2，但西班牙规定为 0.17 千米^2。美国联邦政府和各州政府规定，奶牛场每 1 头奶牛需配有 0.07 千米^2 地用于消纳粪污，否则政府不会颁发养殖许可证；但是，奶牛粪污还田前必须经无害化处理，杀灭粪中有害微生物，才能施入农田，用作肥料。奶牛粪尿无害化处理的方法很多，常用的方法有以下几种。

（一）需氧堆肥处理

堆肥处理分为静态堆肥和装置堆肥。静态堆肥不需特殊设备，可在室内进行，也可在室外进行，所需时间一般 60~70 天；装置堆肥需有专门的堆肥设施，以控制堆肥的温度和空气，所需时间较短，一般为 30~40 天。为提高堆肥质量和加速腐熟过程，无论采用哪种堆肥方式，都要注意以下几点。

① 必须保持堆肥的好氧环境，以利于好气腐生菌的活动。另外，还可添加高温嗜粪菌，以缩短堆肥时间，提高堆肥质量。

② 保持物料氮碳比在 1:（25~35）。氮碳比过大，分解效率低，需时间长；过低，则使过剩的氮转化为氨而逸散损失。一般牛粪的氮碳比为 1:21.5。制作时，可适量加入杂草、秸秆等，以提高氮碳比。

③ 物料的含水量以 40% 左右为宜。

④ 内部温度应保持在 50~60℃。

⑤ 要有防雨和防渗漏措施，以免造成环境污染。

在堆肥处理中，日本推出的一种新型、环保型堆肥体系——"堆肥还原型处理体系"。通过这种方法，可以把大量的牛粪制成棕黑色、细末状、膨松体的还原型粪土，其形态类似黑色木质锯末，质地蓬松，吸附性好，无臭无味，具有抗潮保温性能。既可以当牛床铺垫物，又可当作粪土肥料，增加地力。堆肥见图 5-1。

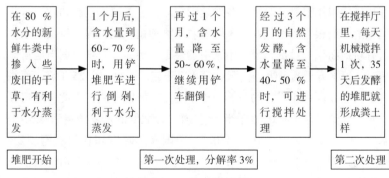

图 5-1　牛粪堆肥处理程序

（二）厌氧堆肥处理

将牛粪堆集密闭，形成厌氧环境，有机物进行无氧发酵，堆温低，腐熟及无害化时间长，优点是制作方便。一般牛场均可制作，不需要什么设备，适合于小规模的牛场处理牛粪。此法适用于秋末春初气温较低的季节，一般需在 1 个月左右进行一次翻堆，以利于堆料腐熟。

二、厌氧发酵，生产沼气

利用厌氧菌（甲烷发酵菌）对奶牛场粪尿及其他有机废弃物进行厌氧发酵，生产以甲烷为主的可燃气体即沼气，沼气可作为能源用于本场生产与周围居民燃气、照明等。发酵后的沼渣与沼液可用作肥料。其流程如图 5-2。

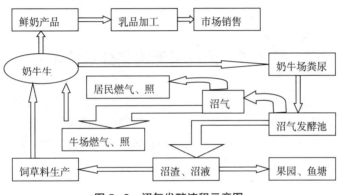

图 5-2　沼气发酵流程示意图

三、人工湿地处理方法

该方法是通过微生物与湿地的水生植物共生互利作用，使污水得以净化。湿地中有许多水生植物（如水葫芦、细绿萍等），这些植物与粪尿中的微生物能够形成一个系统，经过一系列的生物反应使粪尿中的物质得以分解。据报道，经过该方法处理后的粪尿污物净化，$CODCr$、SS（悬浮固体物）、NH_3、TN、TP 出水较进水的去除效率分别为 73%、69%、44%、64%、55%。人工湿地处理模式与其他粪污处理设施比较，投资少、维护保养简单。其流程见图 5-3。

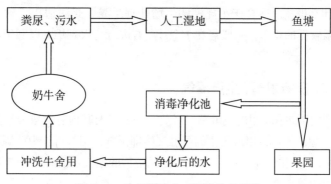

图 5-3　牛场粪尿人工湿地处理示意

第五节　病死畜无害化处理技术

病死畜尸体的无害化处理关系到生态环境、公共卫生安全、食品安全以及畜牧业可持续发展，是实施健康养殖、提供优质产品的重要举措。病死畜要严格按照《病害动物和病害动物产品生物安全处理规程》（GB 16548—2006）规定进行运送、销毁及无害化处理。

一、焚烧

饲养规模较大的畜禽场应配备小型焚烧炉，在发生少量病、死畜禽时，自行作无害化焚烧处理。将病死畜禽尸体及其产品投入焚化炉或用其他方式烧毁碳化，彻底杀灭病原微生物。

二、深埋

采取深埋是一个简便的方法，选择远离学校、公共场所、居民住宅区、村庄、动物饲养和屠宰场所、饮用水源地、河流等地方进行深埋；掩埋前应对需掩埋的病害动物尸体和病害动物产品进行焚烧处理；掩埋坑底铺 2 厘米厚生石灰；掩埋后需将掩埋土夯实。病死动物尸体及其产品上层应距地表 1.5 米以上；焚烧后的病害尸体表面和病害动物产品表面，以及掩埋后的地表环境应使用有效消毒药喷、洒消毒。

牛场防疫制度和防疫计划的编制

【目的要求】熟悉养牛场防疫制度与防疫计划的编制内容，能根据实际情况，掌握牛场防疫制度和防疫计划的编制技能。

【训练条件】

1. 流行病学调查资料。

2. 预防接种计划表、检疫计划表、生物制剂、抗生素及贵重药品计划表、普通药械计划表、牛免疫程序和药物预防计划表。

【操作方法】

1. 牛场防疫制度的制定

（1）防疫制度编写的内容。

① 场址选择与场内布局。

② 饲养管理。饲料、饮水符合卫生标准和营养标准。

③ 检疫。产地检疫、牛群进场前的隔离检疫、牛群在饲养过程中的定期检疫。

④ 消毒。消毒池的设置、消毒药品采购、保管和使用；生产区环境消毒；牛圈舍消毒和牛体消毒，产房的消毒；粪便清理和消毒；人员、车辆、用具的消毒。

⑤ 预防接种和驱除牛只体内、外寄生虫。疫苗和驱虫药的采购、保管、使用；强制性免疫的动物疫病的免疫程序，免疫检测；免疫执照的管理；舍饲、放牧牛只的驱虫时间、驱虫效果。

⑥ 实验室工作。

⑦ 疫情报告。

⑧ 染病动物及其排泄物、病死或死因不明的动物尸体处理。

⑨ 灭鼠、灭虫，禁止养犬、猫。

⑩ 谢绝参观和禁止外人进入。

（2）防疫制度编制注意事项。

①防疫制度的内容要具体、明了，用词准确。如"牛场入口处设立

消毒池""场内禁止喂养狗、猫""利用食堂、饭店等餐饮单位的泔水作饲料必须事先煮沸""购买饲料、饲草必须在非疫区"，等等。

② 防疫制度要贯彻国家有关法律、法规。如动物防疫法中规定实施强制免疫的动物疫病、疫情报告、染疫动物及其排泄物、病死或死因不明动物尸体的处理必须列入制度内。

③ 根据生产实际编制防疫制度。大型牛场应当制定本场综合性的防疫制度，规范全场防疫工作。场内各部门可根据部门工作性质，编写出符合部门实际的防疫制度，如化验室防疫制度、饲料库房防疫制度、诊疗室防疫制度等。

2. 牛场防疫计划的编制

（1）防疫计划的编制内容。

① 基本情况。简述该场与流行病学有关的自然因素和社会因素。动物种类、数量，饲料生产及来源，水源、水质、饲养管理方式。防疫基本情况，包括防疫人员、防疫设备、是否开展防疫工作等。本牛场及其周围地带目前和最近两三年的疫情，对来年疫情防疫的预测等。

② 预防接种计划。应根据养牛场及其周围地带的基本情况来制订，对国家规定或本地规定的强制性免疫的动物疫情，必须列在预防接种计划内。并填写预防接种计划表（表5-3）。

③ 诊断性检疫计划。其格式见表5-4。

④ 兽医监督和兽医卫生措施计划。包括消灭现有疫病和预防出现新疫病的各种措施的实施计划，如改良牛舍的计划；建立隔离室、产房、消毒池、药浴池、贮粪池等的计划；加强对牛群饲养全程的防疫监督，加强对饲养员等饲养管理人员的防疫宣传教育工作。

⑤ 生物制剂和抗生素计划表。其格式见表5-5。

⑥ 普通药械计划表。其格式见表5-6。

⑦ 防疫人员培训计划。培训的时间、人数、地点、内容等。

⑧ 经费预算。也可按开支项目分季列表表示。

表 5-3 20_____年预防接种计划表

单位名称：第 页

接种名称	畜别	应接种头数	计划接种的头数				
			第一季	第二季	第三季	第四季	合计

表 5-4 20_____年检疫计划表

单位名称：第 页

检疫名称	畜别	应检疫头数	计划检疫的头数				
			第一季	第二季	第三季	第四季	合计

表 5-5 20_____年生物制剂、抗生素及贵重药品计划表

单位名称：第 页

药剂名称	计算单位	全年需用量					库存情况		需要补充量					备注
		第一季	第二季	第三季	第四季	合计	数量	失效期	第一季	第二季	第三季	第四季	合计	

表 5-6 20_____年普通药械计划表

单位名称：第 页

药械	用途	单位	现有数	需补充数	要求规格	代用规格	需用时间	备注

（2）防疫计划编制注意事项。

① 编好"基本情况"。要求编制者不仅熟悉本场一切情况，包括现在和今后发展情况。如养殖规模扩大等，更要了解养殖场所在区域与流行病学有关的自然因素和社会因素，特别要明确区域内疫情和本场应采取的对策。

② 防疫人员的素质。根据实际需要对防疫人员进行防疫知识、技术和法律、法规培训，以提高动物防疫人员的素质。条件具备的养殖场，可利用计算机等现代设备，摸拟各种情况下的防疫演习，特别是发生疫情时的扑灭疫情演习，使防疫人员能掌握各环节的要领和要求。防疫人员的培训应纳入防疫计划中。

③ 要符合经济原则。制定防疫计划，要考虑养殖场经济实力，避免浪费，如药品器械计划，对一些用量较大的、市场供应紧缺、生产检验周期长以及有效期长的药品和使用率高的器械，适当多做计划，尽量避免使用贵重药械。

④ 要有重点。根据养殖场的技术力量、设备等条件，结合防疫要求，将有把握实施的措施和国家重点防制的疫病作为重点列入当年计划，次要的可以结合平时工作来实施。

⑤ 应用新成果。制定计划要考虑科研新成果的应用，但不能盲目。市场上新型广谱消毒药、抗寄生虫药种类繁多，对那些效果良好又符合经济原则的，应体现在计划中。

⑥ 时间安排恰当。平时的预防必须考虑到季节性、生产活动和疫情的特性，既避免防疫和生产冲突，也要把握灭病的最佳时期。如预防牛肝片吸虫病，在牧区，每年春季先驱虫，再放牧，既起到防治作用，又便于处理粪便；防止粪中的虫卵污染草地，扩散病原。秋收后再驱虫，保证牛能安全过冬。

【考核标准】

能根据疫情调查结果，有针对性的写出肉牛场疫情预防计划。

思考与练习

1. 肉牛疫病是如何分类的？建立完整的肉牛卫生防疫体系，应包括哪些主要内容？

2. 简述肉牛舍温度、湿度、有害气体等的控制措施。

3. 简述肉牛场不同清粪方式的具体要求。

4. 对病死牛应如何进行无害化处理？

参考文献

[1] 黄应祥，张拴林，刘强 . 图说养牛新技术 [M]. 北京：科学出版社，1998.

[2] 刘强 . 牛饲料 [M]. 北京：中国农业大学出版社，2007.

[3] 李军 . 轻松学养奶牛 [M]. 北京：中国农业科学技术出版社，2014.